食品知識ミニブックスシリーズ

フリーズドライ食品入門

山根清孝　著

Nissyoku 日本食糧新聞社

まえがき

今日「フリーズドライ」と言えば、高付加価値的なイメージが定着しつつあります。そして、この技術は更に再生医療の研究にも使われているように、様々な分野に利用されています。

凍結乾燥は１９４０年頃、我が国でも諸外国と同様に医療面で研究がなされていました。そして戦後、この技術が食品に応用された諸外国の流れを受けて、１９６０年凍結乾燥工場が出来ました。以来、数社の凍結乾燥食品メーカーが誕生しました。当時、「夢の食品」とはやし立てられるも、事業として成り立つのか、将来の予測は厳しい状況でした。その最中、日本食糧新聞のご尽力により、産業としての発展を願い日本凍結乾燥食品工業会が設立されました。それから46年余り、今日では同食品メーカーも増え、各社多忙を極める程、大きな産業に成長しました。このような中、当書の執筆依頼を頂きました。時代の渦中にあった一人とは言え、一民間企業に従事していた者が、執筆の重責に応えられるのか。また、どこまで踏み込んで書けば良いのか苦慮いたしました。

しかし、我が国の凍結乾燥がどのような経過をたどり今日の身近な技術となったのかを、記録として書き留める必要性も抱きました。

従いまして本書では、出来る限り凍結乾燥の歩んだ「過去」、豊かな食生活に貢献している「現在」、そして、更なる「未来」への展望と触れることが出来ればと思っております。

「安全・安心」についてはいうまでもなく、食品に高付加価値を与える凍結乾燥の技術は食品の「安全・安心」を担保して成り立つものであります。

終わりに、本執筆に際し、ご協力を頂いた諸先輩方並びに凍結乾燥機メーカー、そして長い間、当食品工業会の事務局を務めて頂いている日本食糧新聞関係者の方々に厚くお礼を申しあげます。

そして、この入門書がフリーズドライ食品に興味を持っておられる方のお役に立てればと願っております。

なお、本書の内容に見解の相違もあろうかと思いますが、何卒ご了承願えれば幸いです。

令和2年6月
山根清孝

目次

第6章 フリーズドライの補助材料……90

第１章

フリーズドライ食品の歴史

１　古代インカ帝国の知恵

(1) 天然の乾燥食品

話は遠く数百年の昔、南米アンデスで栄えたインカ帝国（1250年頃～1533年）の人々は、主食の馬鈴薯《ばれいしょ》を薄く切って昼夜地面に広げて乾燥させ、保存していた。夜の寒気で凍った馬鈴薯を昼間の天日干しにより乾燥させる方法は一種のフリーズドライ（FD、凍結乾燥）であり、標高3000m級の気圧が低いアンデスの自然を生かした食生活の知恵である（写真1－1）。

ちなみに、日本でも昔から長野県の凍り豆腐（凍

資料：日本ジフィー食品㈱「日本ジフィー食品三十年史」

写真１－１　アンデス山脈のインカ帝国

み豆腐）や茨城県の凍みこんにゃくなど、これとよく似た保存食がある。凍り豆腐は凍らせた豆腐を寒風に当てて乾燥させたもので、凍みこんにゃくは薄く切ったコンニャクを一枚ずつ並べ、水をかけながら自然の中で冷凍・乾燥を繰り返して作る。

(2) 乾燥食品の研究と利用

英国のレスリーは、インカ帝国の乾燥方法について科学的に立証しようと試み、1811（文化8）年にその可能性を見出した。それから80年後の90（明治23）年、ドイツのアルトマンが乾燥方法の立証に成功した。生物の標本を作っているときに、凍結した切れ端が真空中で昇華現象を起こして乾燥することを発見したのである（図表1―1）。

20世紀に入り、各国の技術者は、ワクチンやウイルス、酵素などについての研究を行った。

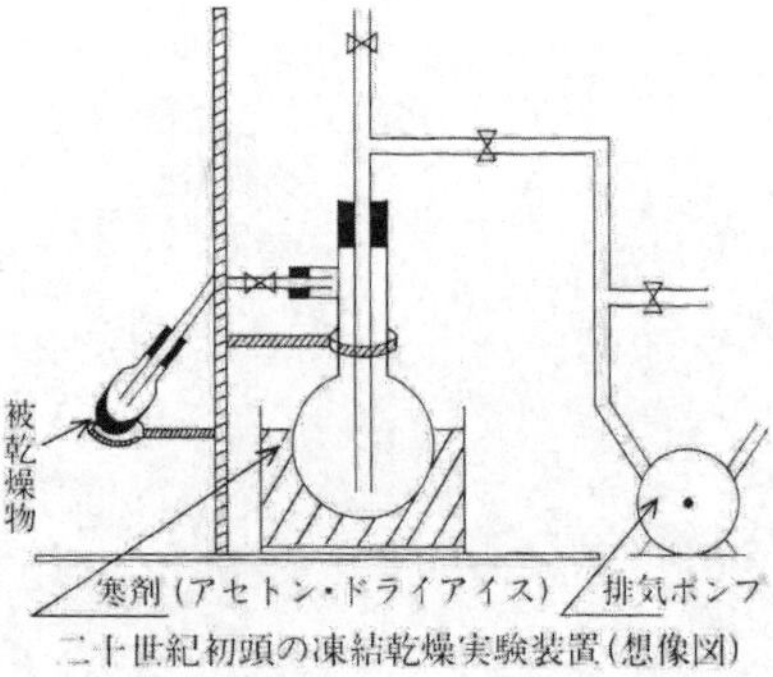

資料：日本ジフィー食品㈱「日本ジフィー食品三十年史」

図表1－1　二十世紀初頭の凍結乾燥実験装置（想像図）

資料：日本ジフィー食品㈱「日本ジフィー食品三十年史」

写真１－２　フロスドーフが1935年に作製した小型の凍結乾燥機

１９３５（昭和10）年、米国のフロスドーフやマッドが、昇華（乾燥）を早めるために熱を補給するという実験に初めて成功。これによって乾燥に要する時間が大幅に短縮された。この加熱による昇華の促進方法をＡＦＤ（Accelerated Freeze Dry）といい、ＡＦＤにより各国が競って血漿《けっしょう》や血清の研究に取り組み、実用化に向け力を注いだ（写真１—２）。

２　凍結乾燥技術の実用化

(1) 医療分野での利用

第二次世界大戦が始まる１９３９（昭和14）年頃、多量の血清が必要となり米国で生産に入った。ドイツ・フランス・イギリス各国も競うように輸血用の血漿・血清のほか、ペニシリンやワクチンなどで凍結乾燥が実用化された。これらは長期貯蔵ができたおかげで幾多の生命が救われた。また、ドイツやデンマークでは製鉄技術を生かし、45年頃から凍結乾燥機装置の開発と販売に力を注いだ。

(2) 食品分野への応用

戦後の1950（昭和25）年頃、凍結乾燥技術に転換期が訪れた。各国はこの技術を食品に応用しようと凍結乾燥食品の研究・開発へしのぎを削ったのである。

オランダでは1955年に政府と民間が合同で商品開発を行い、母乳の凍結乾燥を手がけたとされる。カナダでも、同年頃から軍と民間企業との共同研究が進められた。

米国はもっとも凍結乾燥の歴史が古く、軍の研究機関がメーカーと協力して大規模な研究活動を行い、大学や多くの企業もこれらの技術を食品に利用した。主に生産されたのは牛肉・鶏肉・マッシュルームなどで軍の備蓄食として、また、自然災害が多いことから災害備蓄食、保存食など国民の身近なものとして広がっていった。その進化の先にあったのが宇宙食である。

3 わが国の凍結乾燥技術の始動

日本では、欧米より遅れて1940（昭和15）年から、医薬品関係の分野で凍結乾燥に関する研究が進められた。第二次世界大戦中には、陸軍の軍医学校等で血漿や細菌など医療面と味噌・醤油の食料面から凍結乾燥に関する研究がなされた。

しかし、実用化にいたる前に終戦を迎え中断。10年後の1950年、戦後医学の発展と手術の増加にともなって輸血用の血液が不足し、乾燥血漿や凍結血漿の生産販売を目的とした民間企業初の血液銀行（旧・ミドリ十字）が創立された（写真1—3）。

創立から10年後、血液銀行は血液の凍結乾燥の技術を利用した医薬品および食品分野へ進出。その方向は、コンドロイチンの利用、パパイン（タンパク質分解酵素）を利用した新調味料の開発、凍結乾燥食品（コーヒー、果汁、スープ、ワサビ、カレー等）の開発という3つの研究開発であった。事業の達成のため、ビービー食品㈱（現・日本ジフィー食品㈱）を1960年7月に設立させた。

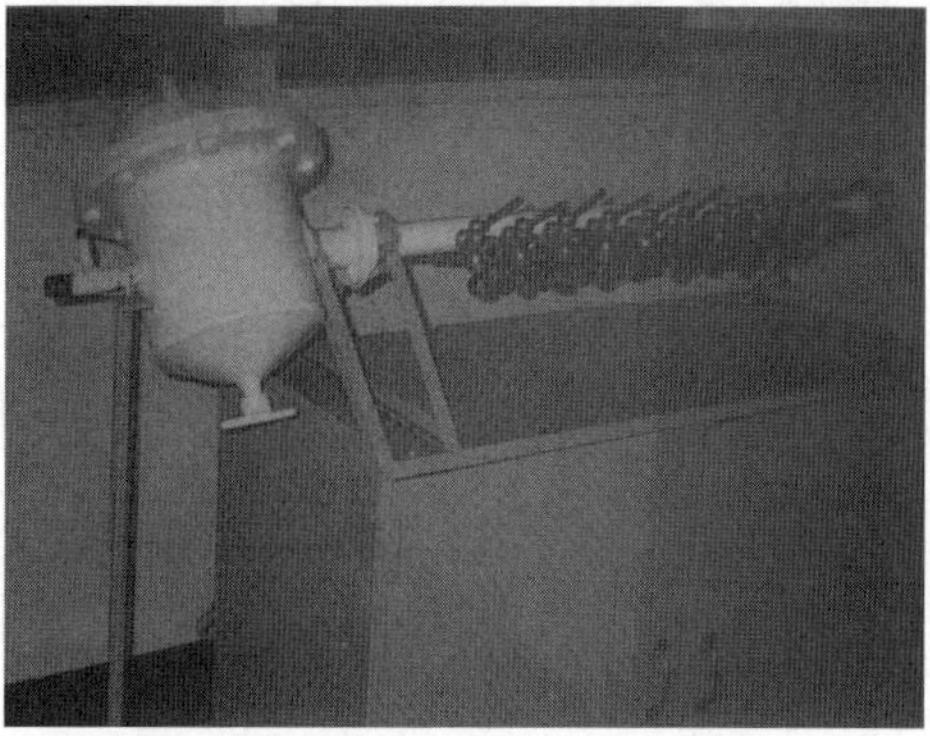

ミドリ十字所蔵（1939年作製）
資料：日本ジフィー食品㈱「日本ジフィー食品三十年史」

写真１－３
国産第１号の医療品用凍結乾燥機

4　凍結乾燥技術パイオニアの苦難

(1) 挑戦と失敗

① インスタントラーメンブーム

ビービー食品が設立された当時、日本の経済成長率は13～14％と高度経済成長が始まっていた。1964（昭和39）年には東海道新幹線が開通し、東京オリンピックが開幕されるなど飛躍の時代であった。

食品業界では、1958年に日清食品が画期的な即席麺「チキンラーメン」を発売。戦後のモノ不足で空腹感漂う時代に、湯をかけるだけで食べられる即席麺はたちまち庶民の食生活に浸透した（2018年NHK連続TV小説「まんぷく」でドラマ化）。即席麺の需要に応えるようにメーカーは100社近くに膨らみ、後に国民食といわれるまでになった。また、このときに「即席」「インスタント」という新語が生まれ、日本独自の加工食品が続々と誕生し、インスタント時代に向かったのである。

② 機能性商品の発売

このような時代背景のなか、同会社の事業第一号は、医薬品と食品の複合を目指した「栄養強化食品」だった。まだ食品用の凍結乾燥設備が整ってなかったからで、商品はコンドロイチンとローヤルゼリーを配合した「ガム」であった。コンドロイチンは今でこそ、サプリメントとして知られているが、この時代はまだ「健康」にお金をかける時代でなく、まったく売れなかった。

第二弾は、会社設立の際に現物出資された、膨大な量のパパイン（タンパク質分解酵素）を使用した「食肉軟化剤」。しかし、営業先からは「当店はそのような硬い肉は使用していない」と怒られる始末だった。

いずれの新商品も、有名俳優を起用し宣伝カーを走らせるなど宣伝攻勢をかけたが、あえなく撤退。凍結乾燥食品を世に出す前に足を引っ張ることとなり、大きな痛手になった。

(2)「夢の食品」実現に向かって

①いつでも、どこでも、どなたでもできる

先の会社の経営トップは凍結乾燥食品が先行している先進国、アメリカを視察した。

視察後の新商品は、「主婦の台所からの解放」をコンセプトに、常温保存が可能で、かつ、湯をかけるだけで簡単に作れるものとした。そして、「いつでも、どこでも、どなたでも」をキャッチフレーズに冷蔵庫、包丁もまな板も不要な小売り商品を開発。

１９６１（昭和36）年9月第一回新商品披露発表会が東京と大阪で開催された。政官界の名士・著名人・農林省幹部など数百人を迎え、炒り卵・肉そぼろ・マッシュルーム入りスープ・茶碗蒸しを賞味。大阪では今東光師や米国領事の顔も見え、歌手による社歌も披露するなど華々しく盛大に行われた。連日、「夢の食品」とＴＶや新聞のニュースに取り上げられた（写真１―４は、当時の手作りのパイロットプラント）。

また、同年、日本エフディ（百瀬氏ら）により食品用大容量凍結乾燥装置が開発。みそ汁の量産化に成功とある。

②新工場建設目前の資金難

凍結乾燥食品が「夢の食品」ともてはやされた

1961年の完成から50年近く稼働
資料：日本ジフィー食品㈱「日本ジフィー食品三十年史」

写真1－4　手作りのパイロット機

一方、裏では新商品の失敗で深刻な資金不足に陥っていた。新工場の建設に向けて資金集めを行うも、将来の見えないこの事業へ融資や出資に応じる会社は現れず、まさに事業は頓挫寸前。難航の末、紡績会社（現・倉敷紡績㈱）が事業の将来性を信じ、全面的に支援することとなった。

これで経営権が製薬会社から紡績会社に移り、やっと資金繰りのめどがついた。

(3) フリーズドライ専業の新工場稼働

①国産1号機の導入

1962（昭和37）年5月、ついに日本初の凍結乾燥専業の新工場が誕生した。乾燥機は共和真空技術製で、脱水能力1・2トン。大型生産用としては国産1号機である（写真1－5）。それにともない人材確保として、農林省出身で凍結乾燥

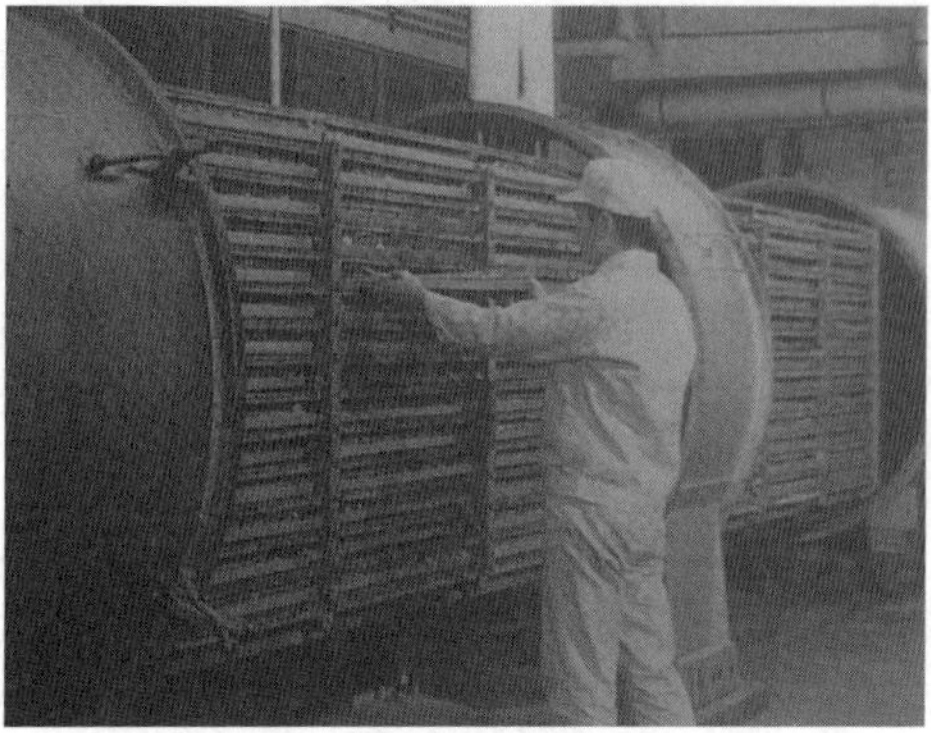

大量生産用として最初の国産機（1962年5月）
資料：日本ジフィー食品㈱「日本ジフィー食品三十年史」

写真1－5　共和真空技術製凍結乾燥機

の第一人者・佐原幸雄理学・医学博士を研究室長に迎え、新卒者を10数名採用するなど、万全の体制を整えた。

そして、国産1号機で作った待望の小売商品「エビカレー」「ビーフカレー」「コンソメスープ」などの製造販売を開始した。

② 2号機導入も動かず

同年9月、2基目となるデンマーク・アトラス社製の高速凍結乾燥機（一日当たりの脱水能力は公称1・5トン）が工場に到着した（写真1―6）。アトラス社は60年の歴史をもつ世界的に有名な機械メーカーで、技術者が来日し、乾燥機の備え付けに5カ月間滞在した。12月には、食品工学の世界的権威者である同社のピーターセン博士が技術指導のために来日した。高速凍結乾燥の講義は、・水の三重点以下で乾燥を行うこと（第2章2「(3)

資料：日本ジフィー食品㈱「日本ジフィー食品三十年史」

写真1－6　アトラス社製凍結乾燥機
（1963年2月）

三重点～自己凍結」参照）
・昇華速度は食品の品質保持のために早ければ早いほど良い
・昇華乾燥は食品（被乾燥物）と熱板が完全に接触したときがもっとも効果的である
・昇華乾燥時間は食品（被乾燥物）の厚さの二乗に比例する

という内容であった。

ところが、乾燥機は博士の滞在中に試運転まで至らず、経営陣は巨大な乾燥機を目前にして途方に暮れた。事態打開のため、若き新入社員が英語の辞書を片手に昼夜専門用語と闘い、何とか試運転を試みた。しかし、部品が世界各国からの取り寄せ品だったことが、解決をいっそう困難にした。

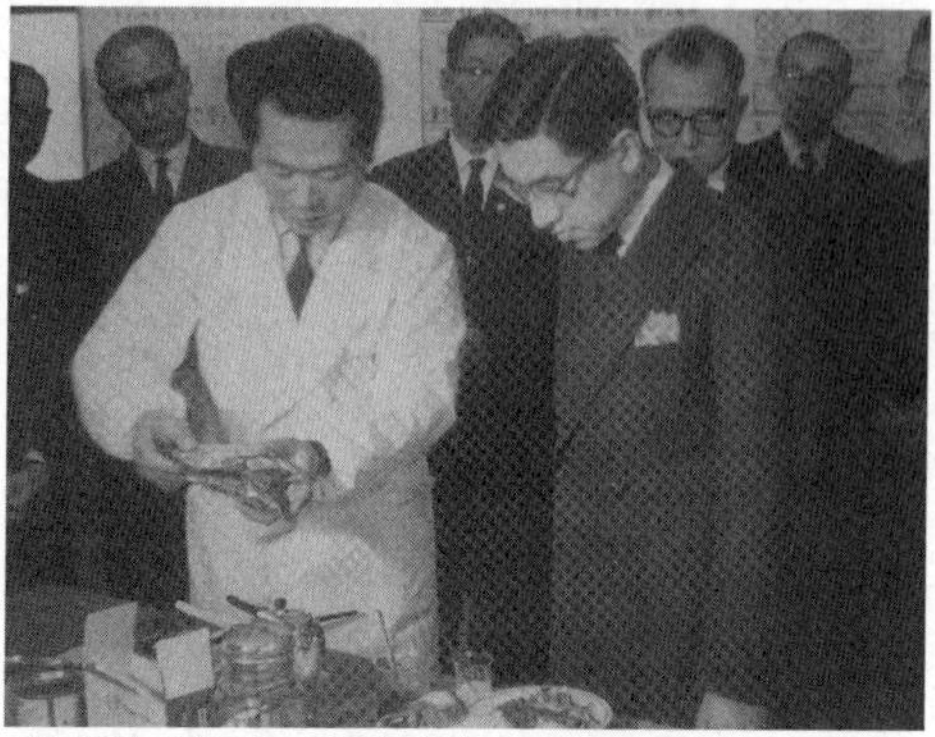

商品を明仁皇太子殿下（昭和時代）にご説明する農林省食糧研究所の木村 進園芸化学研究室長
資料：日本ジフィー食品㈱「日本ジフィー食品三十年史」

写真１－７　昭和時代の皇太子殿下（1964年２月）

③ 念願の試運転成功

このような日々悶々の後の翌年1月、やっとアトラス社の設計者が来日し、念願の試運転に成功したのであった。

このときの資本金は2・8億円であり、いかに凍結乾燥事業が重装備産業で資金を必要とするかがわかる。

いよいよ、カレー・スープ・茶碗蒸しなどの商品の大量生産による全国販売である。全社一丸となってＰＲと販売に奔走した。ＴＶ・新聞・雑誌などで宣伝し、百貨店・スーパー・全国各地の展示試食会に出展し商品の素晴らしさを訴え販売に努めた（写真１－７）。

(4) 最大のピンチと希望

① 売れない返品の山

「エビカレー」「ビーフカレー」「茶碗蒸し」は「夢の食品」とはやし立てられるのとは裏腹に、毎日、トラック満載の返品となった。製品倉庫は在庫と返品で埋め尽くされた。宣伝広告費に加えて、膨大な赤字と資金ショート。累積赤字に拍車をかけ、人員整理と将来性に不安を感じ会社を去る人が続出した。

② かすかな展望

一方この頃、一般小売商品以外に、ブロック状（12㎝×8㎝×2㎝）の特殊用途向け「調理済み食品（すき焼き、八宝菜、ナスと油揚げの煮つけなど）」、防衛庁向け非常用糧食としてナス・豆腐・豚汁・牛肉の「混合野菜煮つけ」が開発、採用された。

また、山岳食（携帯食）としてヒマラヤ登山のお供、海上自衛艦・漁船の遠洋航海用糧食、南極観測船「ふじ」のお供など、フリーズドライ（凍結乾燥、以降FDと表記）食品は地球の果てまで携行されたのであった（写真1−8）。

さらに、スーパーマーケットの拡大と相まって

南極観測船「ふじ」に積み込むフリーズドライ食品（1966年1月）
資料：日本ジフィー食品㈱「日本ジフィー食品三十年史」

写真1－8　南極観測船の積荷

即席麺が30億食まで伸びるなど、インスタント食品の誕生にともない、お茶漬けにFD鮭、スープにFDネギ、即席ラーメンに肉の呈味素材などと、業務用素材としての需要が増えた。また「生きている緑黄色ケール（青汁）」「粉末果汁パウダー」などの受託乾燥という新しい形態も生まれ、少しずつ「夢の食品」の活躍する姿が見えてきたのである。

(5) 主役品からの撤退と方向転換

以後、FD食品は特殊用途向けや業務用に特化した。ただ、「携帯食」だけは、登山愛好家の間でなくてはならない存在となっていたので残した。この方向転換が功を奏し、ついに、第七期目にして黒字決算を達成。これを機に、技術力を高めようと農林水産省食糧研究所・木村 進博士※1の顧問招請など、研究開発にいっそう力を入れた。

※1 1966年「乾燥食品」（光琳全書）を著す

(6) 「夢の食品」の需要が出現

① ネスカフェの登場

1967（昭和42）年、TVで「フリーズドライ製法のゴールドブレンドコーヒー」のCMが突如流れた。ネスレ社ネスカフェコーヒーである。このCMにより「フリーズドライ製法」が高付加価値的な技術と理解されるようになった。これ以後、まだ明日が見えない「夢の食品」であったが、親会社の我慢強い支援を受けながら、やっと輝かしい発展へつながる機会を得たのである。

それが4年後の71年、FDが違った形で劇的なデビューを果たした。日清食品による画期的な「カップヌードル」の発売であった。

② カップヌードルの出現

カップヌードルの中の具材は、FD製品（日清製）のエビや肉などで、湯をかけて3分待つと具材も復元するというFDの復元性とマッチしたのである（このときすでに、FD食品メーカーが数社あった）。

③ インスタント食品の高級化

FDの品質の優秀さが認められるにしたがい、インスタントブームも量より質の時代に入った。お茶漬け・ふりかけ・スープ・果汁・味噌汁がFDの素材を使った高級バージョンへと進化したのである。各FDメーカーはこの需要に応え、FDの需要を確信した。以降、FDメーカーは互いに技術を磨き、名脇役として日本独自の「即席」という加工食品を支えて戦後日本の食生活向上に貢献。FD製品という一つの産業に発展させたのである。

また、この頃は「ケンタッキーフライドチキン」「ミスタードーナッツ」「マクドナルド」などのファストフードをはじめとする、多様な外食産業の始まりであった。

(7) 日本凍結乾燥食品工業会の結成

カップヌードル誕生以降、FD製品は需要が高まり、業界は1973（昭和48）年、日本凍結乾燥食品工業会（当初7社）を結成した。

その様子について、1998（平成10）年7月7日発行の「日本凍結乾燥（フリーズドライ）食品工業会二十五年史」で次のように述べている。

「1973年日本食糧新聞社の尽力により『日本凍結乾燥食品工業会』が結成された。趣旨は『FD工業会企業の親睦を図り、食品産業発展のために切磋琢磨していきましょう』で、全員がこの趣旨に賛同。6月15日創立総会が開催され、日本凍結乾燥食品工業会が正式にスタートした。」

初代会長として、天野辰雄（天野実業㈱）代表取締会長が就任。7社全員が役員となる布陣で※2あった。

※2 天野実業㈱（現・アサヒグループ食品㈱）、日本ジフィー食品㈱、日本軽食品㈱（現・㈱宝幸）、明治食品㈱丸子工場（現・㈱明治）、宮坂醸造㈱東久留米工場（現・神州一味噌㈱）、㈱東京ナガイ（現・㈱ナガイのり）、㈱コスモス食品

5 業界団体結成後の動き

(1) カップ麺の名脇役

日清食品の「カップ」の特許というデリケートな問題を抱えつつも、各社は各様のカップを考案の上カップ麺を発売した。

即席麺はこれまでの袋物にカップという新しいタイプが加わり、食シーンがいっそう広がった。カップラーメン発売から数年後、「カップ焼きそば（後にFDイカ入り）」、どんぶり型「カップうどん（FD油揚入り）」が出現。瞬く間にカップ麺市場は膨張し、うどんの出汁を東日本と西日本とで味を変えて発売するほど消費者の選択が広がり、新しい即席カップ麺の時代に入った。

なかでもカップラーメンは次々と新製品が投入され、1・5倍ボリュームの「スーパーチャーシューラーメン（FDチャーシュー入り）」がブームとなるなど混戦模様となった。毎日のように新製品が出ては消え、食品スーパーやコンビニエンスストアでの棚争いの戦国時代に突入したのである。

やがて、大型容器で麺も具材も高級バージョンに仕上げた「高級即席カップラーメン（FD野菜ブロック入り）」に行き着いた。これら百花繚乱

図表1－2　真空凍結乾燥食品関連年表

西暦	年号	関連事項
1960	昭和35	日本で初めて凍結乾燥食品の会社が設立
62	37	FDの専門工場完成（共和真空FD1号、アトラス社FD機）
63	38	FD品利用の茶わん蒸し、スープ、カレー発売
64	39	お茶漬け、即席麺、みそ汁、防衛庁の戦闘糧食に利用される
65	40	登山用携帯食発売
66	41	南極観測船「ふじ」に積載、越冬糧食に利用される
67	42	ネスレ社がFDコーヒー「ゴールドブレンド」発売
69	44	瓶入香味野菜発売
71	46	日清食品㈱「カップヌードル」発売
73	48	インスタントスープブーム 日本凍結乾燥食品工業会発足
74	49	カップスープ発売
75	50	FD工業会会員の生産能力が3,000㎡を超える
78	53	岡山食品工業㈱にて本邦初のFD麺製造開始
80	55	成型調味具材入スナック麺発売
81	56	FDおせち料理発売
82	57	おむすびの素発売
83	58	成型味噌汁発売
84	59	成型七草がゆ発売 天野実業㈱にて世界初のベビーフード製造開始
85	60	FDのり利用のお茶漬け発売
86	61	FD商品100種類以上が商業ベースにのる
88	63	1.5倍の大型スナック麺発売
91	平成3	成型たまごスープ発売
92	4	成型具材入スナック麺発売 FD工業会会員の生産能力が10,000㎡を超す
94	6	成型茶漬発売 FD生産額700億円突破
95	7	成型おかゆ・ぞうすい発売 成型吸物発売
98	10	日本凍結乾燥食品工業会25周年記念式典

資料：「日本凍結乾燥食品工業会二十五年史」（1998年7月7日発行）

のカップラーメン商品にＦＤ各社は翻弄されつつも、名脇役となるべく具材の要求や提案に、昼夜を問わず対応したのである。

このように日本のＦＤは、まさに日本のアイデアが生んだカップ麺なしには語れないのである。

⑵ 主役（調理済み食品）の復活

ＦＤの利用は即席カップ麺だけでなく、図表１―２のようにさまざまな方面に使用されてきた。なかでも、大きく一つのジャンルを作るまでになった商品に次のものがある。

① 成型味噌汁

１９８３（昭和58）年頃に旧・天野実業より成型味噌汁の商品が発売され、現在ではスーパーなどで成型味噌汁がシリーズでずらりと並ぶほど、売れ筋商品になっている。ネット通販もありさらに買いやすくなり、販売量も増えている。これほど目につくようになったのは、同社のたゆまぬ販売の継続の結果であり、今や、ＦＤが認知される製品の代表格である。

② 成型たまごスープ

１９９１（平成３）年頃、協和発酵工業㈱（現・協和キリン㈱）が成型「たまごスープ」を発売し、一気にヒットした。

「たまご」は老若男女に受け入れられる素材であり、「柔らかく、なめらか、ふわりと広がる」たまごスープは、ＦＤに最適である。成型たまごスープは家庭で作る「かき玉子」が再現され、消費者に驚きを与えた。筆者もある日、電車の中で女子高校生が「お湯をかけたら、ふわーっと広がるたまごスープってすごいよ」と話しているのを聞いた。あの柔らかい「かき玉子」が、器の中で再現するのである。しかも、和洋中いろいろなバージョンが生まれ、メーカー各社は自社製品および受託生産などで需要に対応した。これが後に「食べるスープ」へとさらに市場を賑わせ、生産のボリュームを増していく。

「たまごスープ」出現前にも消費者向けに即席味噌汁（粉末タイプ）・お茶漬け（FD具材）・山イモパウダーなどがあった。しかし、「たまごスープ」が「成型味噌汁」と両輪を成し、FDはこれまでの「脇役」から「主役」に踊り出た。玉子の特性を生かしたたまごスープのヒットは、「茶わん蒸し」発売から実に25年近くも経っていた。

(3)「食品工業会二十五年史」発刊

先述したように、1998（平成10）年「日本凍結乾燥（フリーズドライ）食品工業会二十五年史」が刊行された。同史に工業会発足当時のことが興味深く書かれている。

「工業会発足にあたって」の題で、天野会長が「～昇華乾燥というのはわかりやすいが、この仕事は全く道楽息子をかかえているようで、金のかかる割には非能率的である。特殊な用途であるため、どんどん製造しておけば売れるというものでないところに経営にもなみなみならぬ努力を要する」と決意を述べている。

対する機械メーカーの協和真空技術㈱は、「このニュースを私共は特別の感慨をもって聞きました。果たして凍結乾燥法がわが国の食品工業に定着するのであろうか？ 専門家の間で、必ずしも定説がなかった以前から、先覚的にこの技術に注目され、いくつもの試行錯誤を恐れずに実用化に進んでこられた、関係者の皆様のご努力に敬意を表すると同時に本工業会のご発足に心からお喜びを申し上げます。」とエールを送っている。

① 工業会発足の乾燥棚面積

工業会発足からの乾燥棚面積は、１９７２年の棚面積１５００㎡、製品生産能力２０２５ｔをベースにして、75年には３０００㎡、４０５０ｔと２倍に伸びている（図表１―３）。その間、新規参入メーカーも増え、ＦＤメーカーは17社（うち工業会会員10社）を数える。ちなみに、２０１８（平成30）年度の棚面積は１万３３９９㎡と報告され、前述の72年から46年間で９倍近くになっている。

図表１―２の真空凍結乾燥食品関連年表は、初めて凍結乾燥食品の会社が設立された１９６０年頃から98（平成10）年記念式典が行われるまでの、各社製品の誕生などの動きを示している。

② 当時のフリーズドライ商品

式典が行われた頃の時代には、次のようなＦＤ商品があった。

〈野菜類〉ネギ、ワケギ、野沢菜、小松菜、ホウレン草、白菜、玉ネギ、ターサイ、チンゲン菜、モヤシ、ミツバ、パセリ、シソ、ショウガ、ニラ、椎茸、ガーリック、スイートコーン、グリーンピース、大根、山イモ、長イモ、サツマイモ、ザーサイ、キムチなど

〈魚介類〉海老、鮭、カニ、

図表１－３　FD 乾燥棚面積（推定）

年次	棚面積・（㎡）	伸張率（%）	製品生産能力（t）
1972	1,500	100	2,025
1973	2,280	152	3,078
1974	2,640	176	3,564
1975	3,000	200	4,050

資料：「日本凍結乾燥食品工業会二十五年史」（1998 年 7 月 7 日発行）

ホタテ、タラコ、鯛、フグ、イカなど
〈肉類〉鶏肉（チキンパウダー、ミンチ、スライス、ダイス）、豚肉（焼き豚ミンチ、味付け豚肉、焼豚）、牛肉（ミンチ、スライスなど）など
〈イチゴ・果実類〉ブルーベリー、レモン、マンゴー、バナナ、リンゴスライスなど
〈大豆製品〉豆腐、油揚げ、味噌、醤油、納豆など
〈健康食品類〉乳酸菌、ヨーグルト、ローヤルゼリー、薬用植物、海藻、熊笹、スギナなど
〈その他〉梅肉、紅茶、ウーロン茶、生クリーム
〈小売商品〉登山食、防災食、おにぎり、野沢菜茶漬け、梅茶漬け、山菜茶漬け、おせち料理、即席餅類など
〈成型品〉各種味噌汁、各種たまごスープ、オニオンスープなど野菜スープ、ミネストローネ・オニオングラタンスープなど洋風スープ、ミートボールスープ、フカヒレスープなど中華スープ、チゲスープなど韓国スープ、エスニックスープ、明石焼きスープ、お吸い物、けんちん汁、豚汁、麺類（うどん、にゅうめん）、丼物（中華丼、マーボー丼、親子丼、カルビ丼、カツ丼）、米飯（お粥、各種雑炊、リゾット）、お茶漬け（梅しば茶漬け、鮭わかめ茶漬け、香のもの茶漬け）、善光寺甘酒、抹茶あずき、キャンピングフーズ、各種ベビーフード、各種介護食、厚生省許可・特別用途食品・糖尿病食など

なお、近況におけるFD生産品目の生産量などについては、第10章「1　フリーズドライの現況」で述べている。

第2章

圧力別の食品とフリーズドライの原理・原則

1 圧力別の加工食品

(1) 常圧

自然環境を利用し、昼と夜間の寒暖差で乾燥させた保存食は、一種の常圧凍結乾燥食品である。第1章で述べたようにアンデスの保存食ジャガイモ（チューニョ）や、凍り（凍み）豆腐、凍みこんにゃくなどがある。

① 天日乾燥食品

天日乾燥食品といえば「干物」である。干物は、天日で干すことによりうま味（アミノ酸）が出る

(1) 常 圧

- 天日乾燥食品
- 熱風乾燥食品
- ドラム乾燥食品
- スプレー乾燥食品
- マイクロ波乾燥食品
- ウエット食品
- 冷凍食品

(2) 高 圧

- 缶詰・瓶詰食品
- レトルト食品
- 新含気食品
- 超高圧食品

(3) 真 空

- 真空乾燥食品
- 真空マイクロ波乾燥食品
- 真空凍結乾燥食品
- 真空パック食品

図表2－1 圧力で分類した加工食品

といわれ、古来、日常の食卓に欠かせないものである。干物には干し椎茸のほか、潮風による干し魚・干しエビ・昆布（浜の石の上で干す）やワカメ・スルメ・イカの一夜干しなどがある。現在は、冷風乾燥機による干物もある。

② 熱風乾燥食品

熱風乾燥機は、熱源の種類、被乾燥物の固定型・移動型があり、固定型には、箱型・バッチ型（中に棚があり被乾燥物を積載した網トレーを載せる）がある。移動型には、多段連続ベルトコンベヤー式・バンド乾燥機などさまざまなタイプがある。乾燥する素材は、各種野菜（キャベツ、ニンジン、玉ネギ、ネギ、ホウレン草）・水産練り製品・果物・アルファ米（蒸した米飯）などがあり、それぞれに適した乾燥機で行う。

特徴は第9章の図表9―6に示したとおりで、即席麺やスープの具材によく使用されている。乾燥野菜は、天候不順による野菜価格高騰の際には、スーパーなどの生鮮野菜コーナーに置かれていることがある。

③ ドラム乾燥食品

生鮮野菜などのペースト物を回転しているドラムに、フィルム状に薄く塗って乾燥する。ドラムの温度は100℃前後で、一回転するうちに乾燥し、ヘラで自動的にはぎ取る。乾燥品は薄い鱗片状で、野菜ふりかけやパウダーとして利用されている。

④ スプレー乾燥（噴霧乾燥）食品

液状の被乾燥物を、ノズルから筒様の中へ霧状に噴射する（筒の中は高温）。これにより細かいパウダーが得られる。

粉末コーヒー・牛肉エキスパウダー・チキンエキスパウダー・魚介類エキスパウダー・粉末醤油・

粉末味噌などいろいろあり、溶けやすい粉末品として利用されている。

⑤ マイクロ波乾燥食品

乾燥の熱源にマイクロ波（電磁波）を利用するもので、電子レンジでみられるように、マイクロ波が中心部まで通過し、食品中の水分子の振動により発熱・蒸発させて、乾燥する。この急速な蒸発などにより、膨化が起こりスポンジ状に乾燥が上がることから、復元性のある乾燥品が得られる。スクランブルエッグ・フルーツの果肉チップなど即席麺類の具材・スープ類の具材・トッピングなど多方面に使用されている。

⑥ ウエット食品

干しブドウや干し柿、スルメ、ジャーキーなどのほか、佃煮などがある。佃煮は日持ちさせるために煮詰めて余分な水分を減らし、味付けを濃くしている。また、ジャムは同じ理由で砂糖を多く使用。第７章３「(1) ウエット品」参照。

⑦ 冷凍食品

凍結には、これまでの冷凍とは違った瞬間凍結方法があり、電磁波を利用して氷結晶を小さくする。まず、被凍結物を磁場環境の中において微弱エネルギーで振動を与え、水分子が結晶化（成長）するのを防ぐ。その後、過冷却状態で小さい衝撃を与え、一気に小さな氷の粒子を作るのである。佐賀県唐津市呼子町の「イカ生き造り（透明）」が有名。

(2) 高圧（缶詰・瓶詰食品は省略）

① レトルト食品

レトルト食品は高圧加熱殺菌されたものである。多くの食中毒菌は１００℃加熱により死滅するが、ボツリヌス菌は耐熱性があり、万が一、感染すると致死率が高いので死滅させる必要がある。そのため、殺菌温度を121℃とし、121℃1分をF値＝1と定義している。

レトルト食品の場合、食品衛生法ではF値4以上（121℃、4分以上）の殺菌強度と規定されている。実際は、さらに安全性を考慮しF値5～10で実施されることが多い。

② 新含気食品（多段加熱方式）

従来のレトルト食品は、121℃まで一気に温度を上げてF値を確保するが、新含気方式では、多段階的に温度を上げてF値4以上の殺菌条件を満たしつつ、高温での滞留時間を短縮している。高温の時間が長いことでの商品ダメージを抑え、また、加熱による酸化を防ぐため窒素ガスを充填する。

商品としては、大ヒットした「むき栗」のほか、薄皮ごと食べるゆでピーナッツ・焼きイモ・骨ごと食べられる焼き魚・焼き鳥・筑前煮・煮魚などがあり、災害備蓄食として長期保存可能な商品もある。トマトピューレなども良いものができる。

③ 超高圧食品

1987（昭和62）年に京都大学の林力丸博士により提言された超高圧食品。食品に超高圧を加えることで、分子は物理的な変化を起こし、タンパク質やでんぷん粉は加熱した状態と非常によく似た現象を呈する。

最初に商品化されたのは、色も香りも高圧をかける前と同様のフレッシュな「ジャム」だった。この圧力は、通常2000～6000気圧で、この圧力のもとでは微生物へ均一にダメージを与え、増殖しないように不活性化できる。このことから、筆者も当初、いろいろと乾燥品の殺菌（大腸菌群）テストをした。そのなかで、本来塩分のあるパウダーは固形化しにくいが、結着剤なしで固形化するという知見を得た。

(3) 真空（真空パック食品は省略）

① 真空乾燥食品

真空乾燥は、熱風乾燥などは食品中の水分が表面へ移行して表面から蒸発するのに対して、真空ポンプの減圧排気により水分が存在しているところから蒸発する。狭いすき間や組織内部からも直接蒸発するので、均一に水分が蒸発する。

したがって、複雑な形のものにも適している。いろいろな果物のスライス、根菜類のスライス・ダイス、梅肉、タラコなどが乾燥されている。

品温はその真空の飽和水蒸気圧によって決まるため、真空度が高い（気圧が低い）ほど、低温での乾燥が可能である。乾燥を促進する熱源は輻射熱・熱伝導などで温める。乾燥を早めたい場合は、あらかじめ被乾燥物を温めると、初期段階で盛んに蒸発する。蒸発は真空の飽和水蒸気に対する温度と品温の温度差が大きいほど激しい。また、連続式真空ベルト乾燥もある（第9章5「高糖度、高濃縮エキスの乾燥」参照）。

② 真空マイクロ波乾燥食品

真空マイクロ波乾燥食品は、真空乾燥の熱源にマイクロ波を利用したものである。

ホールの柿のFDは厚みがあり、中心部まで熱が伝導しにくい。しかし、マイクロ波を使い、さらに遠赤外線も併用すれば効率良く中心部を加熱できる。これを利用して乾燥を途中で止め、「あんぽ柿」を試作した。結果、これまでにない発泡気味のソフトな柿ができた。真空度は約60～70hPaくらい。60hPa以下の圧力下では、放電が起こりやすいようである。

この真空中でのマイクロ波照射は、どの程度の真空度まで放電が起こらないようにできるか、現在、各社研究していると推測される。三重点(後述)の真空度6・1㍱(4.6torr)以下でも放電しないようであれば、理論上凍結乾燥の熱源として、マイクロ波のエネルギーコストも含めて今後、注視するところである。第9章3「⑴乾燥時間の短縮」の実現が期待される。

③ 真空凍結乾燥食品(FD食品)

言葉の通り、凍結(予備凍結)した被乾燥物をある真空状態に置くと(乾燥庫に入れる)、ドライアイスのように氷の状態から蒸発(昇華現象)する。この昇華を促進するのに加熱を行う。

FDは被乾燥物が凍結すれば原則乾燥が可能なので、どのような品質の乾燥品ができるのか楽しみなところがある。

2 フリーズドライの原理

FDの発見は、前章で述べたように、1890(明治23)年にドイツのアルトマンが生物の標本を作っているとき、凍結した切れ端が真空中で昇華現象を起こし、乾燥したことに端を発する。

1935(昭和10)年には、米国のフロスドーフやマッドが、昇華(乾燥)を早めるため熱を補給するという実験に初めて成功。これによって乾燥に要する時間が大幅に短縮され、一気に実用化へ進んだとある。

これを科学的に解明したのが、次のFDができる原理である。

(1) 水の飽和水蒸気圧曲線・状態図

水が沸騰する温度は、図表２―２のように飽和蒸気圧によって決まる。標高０ｍの地点が１気圧（１０１３hPa、760torr）であり、水は１００℃で沸騰する。

一方、富士山で炊飯すると底が焦げたり、芯が残ったりしてなかなか上手く炊けない。それは、山頂付近が標高３７７０ｍとすれば気圧が約０・６２気圧（６３０hPa、473torr）と低くなり、約87℃ぐらいで沸騰するからである。さらに、エベレストの山頂が８８００ｍとすると、気圧は約０・３気圧（３００hPa、225torr）で、約69℃で沸騰するといわれている。余談だが、昔はよく、コメを上手く炊くには、水を多めにして弱火でゆっく

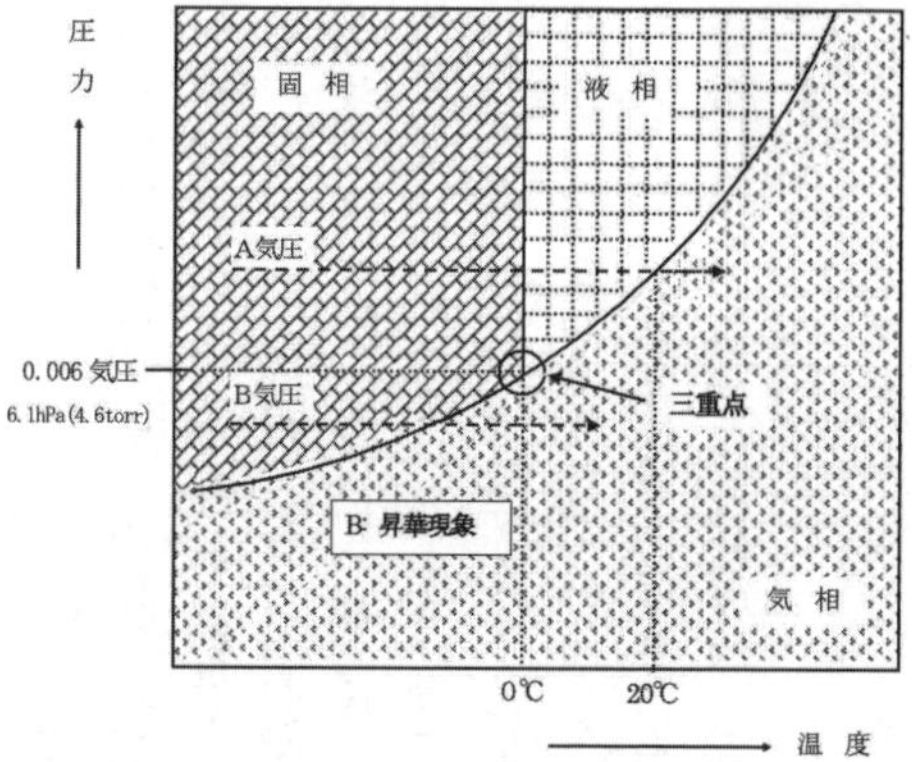

※１気圧＝1013hPa、760torr

図表２－２　水の飽和水蒸気圧曲線・状態図（概要図）

り炊き、そのコッフェルの上に石を載せる（圧力をかける）と良いといわれた。

(2) 水の状態変化

① 固相→液相→気相

図表2―2で、氷（固相）をたとえばAという気圧23・3㍱（17.5torr）の空間に置き加熱すると、氷(固相)はだんだんと解けて、やがてすべて水(液相）になる。さらに加熱を続けると水温は上がって約20℃で沸騰し、盛んに水蒸気（気相）として蒸発を続け、ついには水がなくなる。

ここで、たとえば水分95％の野菜をA気圧の空間に置き加熱を続けると、野菜（水分）が20℃で盛んに蒸発を起こす。さらに加熱を続けると水はなくなり、（真空）乾燥の終了となる。

② 固相→気相（昇華現象）

ところが、氷（固相）をBの気圧1・33㍱（1.0torr）に置くと（このときの飽和蒸気圧に対する温度はおよそマイナス19℃）、加熱しても水（液相）を通過しないで、低い温度でドライアイスのように水蒸気（気相）として蒸発する（昇華現象）。さらに加熱すると（昇華に熱が奪われるので熱を補給）、氷はすべて水蒸気になる。この場合はドライアイスが消滅するように氷の塊が消滅していき、すなわち乾燥が終了する。

これが「真空凍結乾燥」の原理である（以降、「真空凍結乾燥」を単に「凍結乾燥」「乾燥」と略して表記する）。

(3) 三重点（トリプルポイント）〜自己凍結

① 三重点

図表2―2のように固相・液相・気相の三相が共存して平衡状態にある地点を「三重点」という。水では、氷・水・水蒸気が共存（平衡状態）する0・006気圧（6・1㍱、4.6torr）、温度0℃が水の三重点である。

凍結乾燥の原理である「昇華現象」を起こすには、この三重点以下の気圧であることが条件である。

三重点について、たとえば、密封容器（実際には乾燥庫）に水を入れて真空ポンプで引き、中の気圧を下げる。水は気圧に応じて沸点が下がり、やがて激しく蒸発し、蒸発潜熱（気化潜熱）により水の温度が下がる。そして、たとえば気圧が7・1㍱（5.3torr）まで下がると、水は2℃で沸騰する（激しく蒸発する）。6・1㍱（4.6torr）でついに、氷・水・水蒸気が共存する平衡状態になる。

② 自己凍結

0℃付近になると激しく突沸が起こり、少し気圧が下がった瞬間に凍結する。この凍結を「自己凍結」と呼んでいる。

自己凍結は実際、凍結乾燥機で観察すると理解できる。低い温度でスタートすると水の沸騰は比較的穏やかであるが、温かい水温からスタートすると激しく沸騰する。また、コールドトラップ（凝縮装置）にいくらか凝結がある場合、いきなり多量の水蒸気が流入することにより氷結が割れる音がすることがある。この自己凍結は一つの凍結方法として利用することがある（第4章　予備凍結工程「4　自己凍結とその利用」参照）。

3 フリーズドライの原則

(1) 十分な凍結

図表2―2のB気圧のような「昇華現象」を起こすには、十分な凍結（固相）が必要条件である（被乾燥物の共晶点温度以下）。凍結の程度は、次の工程に耐えられることである。すなわち、冷凍庫から取り出し乾燥庫内の棚にトレーを挿入（チャージ）し、真空ポンプで真空引きを行い、真空度が1・33hPa（1.0torr）以下になるまで、もしくは、目的の真空度到達まで氷が融解しないことである。凍結乾燥の真空領域は1・07hPa（0.8torr）以下を指すことが多いが、真空度が落ち着くまで融解しないことが大切である（1・07hPaの飽和蒸気圧の温度はマイナス22・0℃）。

(2) 急速凍結の必要性

FDは「高速凍結乾燥」「急速凍結乾燥」「急速凍結真空乾燥」と呼ばれてきたが、いかに急速凍結が大事であるか、次のような長い年月をかけた研究成果で示されている。これらからFDは、急速凍結が前提となっている（第4章　予備凍結工程を参照）。

・1916（大正5）年に、ドイツのプランクが、凍結魚の氷結晶の大きさと分布が凍結の速度により異なることを発見

・1935（昭和10）年に、フロスドーフとマッドがドライアイス含有のメチルセロソルブを使って予備凍結し、初めて被乾燥物の急速凍結を実現

・1941（昭和16）年に、急速凍結が動物組織を壊すことなく、もっとも好ましい効果を示すことがプランクにより解明

第3章 凍結乾燥機の機能

凍結乾燥機は現在、研究用[※1]から大型生産用（凝結量6500kg／バッチもあり）と幅広くあるが、本章では、予備凍結庫で凍結を行う前提の凍結乾燥機について述べる。

凍結乾燥機は大きさの表現方法が次の3通りある。

・1日当たりの脱水能力（kgまたはt）
・1バッチ当たりの凝結量（kgまたはt）
・乾燥機の棚面積（日本凍結乾燥食品工業会の年次報告などでは棚面積で表現）

※1 予備凍結はコールドトラップ用の冷媒をチャンバー内（乾燥庫内）の棚に利用して、棚で凍結を行う。

凍結乾燥機の基本的装置（モデル）

凍結乾燥機の基本的な装置を図表3―1に表した。A：チャンバー（乾燥庫）、B：コールドトラップ（凝縮装置）、C：バキュームポンプ（真空ポンプ）で成り立ち、昇華による水蒸気の流れはA→B→Cと流れ、排出される。

1 チャンバー（乾燥庫）

チャンバーとは、乾燥機の本体である。大型生産機はカプセル型の横長タイプである。チャンバーは減圧に耐えられる頑強な構造で、内部にトレーを載せる棚がある。外部には、昇華を促進するため棚の加熱を行う棚加熱装置がある。

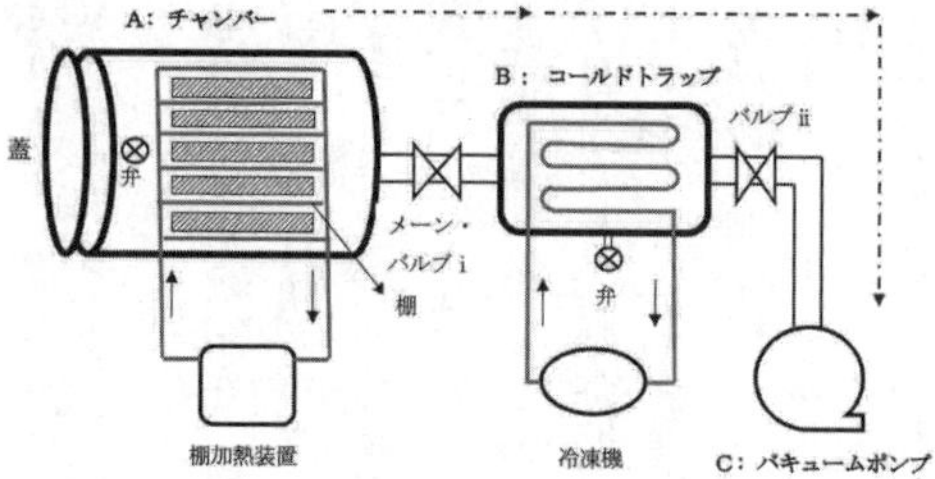

各部分の説明	
A： チャンバー（乾燥庫）	
真空度測定計を内蔵（例：ピラニー真空計/電気抵抗型の真空計）	
▨	トレーに積載した被乾燥物
⊗ 弁	ブレーク弁（常圧に戻す）
B： コールドトラップ（凝縮装置）	
チャンバー内で昇華した水蒸気を氷として凝結させる	
⊗ 弁	ドレイン抜き：デフロストした水を抜く
C： バキュームポンプ（真空ポンプ）	
空気・水蒸気の流れは A -・-・-▶ B -・-・-▶ C	

図表３－１　凍結乾燥装置の主要構成部分（概要図）

また、常圧に戻すブレーク弁があり、乾燥終了後は、ブレーク弁を徐々に開ける。

(1) チャンバーの開閉タイプ

小型乾燥機は、正面から蓋の開閉を行いトレーを出し入れするタイプで、地域特産物の乾燥などに使用されている。棚へは一枚ずつトレー（凍結した被乾燥物が積載）を挿入する。

① 両袖開きタイプ

両袖開きタイプ（真ん中で左右に開く）は、カプセル型が左右に全開する。予備凍結庫からローリフトでトレーが挿入されてある台車※2を引き出し、ローリフトの上下調整をしながら乾燥棚へチャージ（台車を差し込む）する（写真３－１）。差し込む棚間隔が狭いので、ベテランが作業する。利点は、左右全開したときに全トレーが見渡

資料：日本ジフィー食品㈱「日本ジフィー食品三十年史」

写真3－1　チャンバー（乾燥庫）の両袖開き

せ、乾燥状況が把握できることである。必要に応じてトレーを個々に引き出し、品質の確認ができる。とくに、2、3種類が混載されている場合、品質の確認に便利である。

　また、チャンバー内の全棚が開放されているので、容易に棚の汚れの点検や清掃ができる。

※2　トレーが収納できる棚を持った構造物。トレー56枚差し込みなど。

② トロリー方式

トロリー方式は、天井の

台車の出し入れ

共和真空技術㈱提供

写真３−２　トロリー方式（SUS製）

レールに吊り下げられた台車を、カプセル型の頭から出し入れする方式（写真3―2）。現在は、この方式が主流である。

　これは、天井に設置されたレールに台車を吊り下げて、台車を前処理室→予備凍結庫→乾燥庫→包装作業室へと、一連の流れに沿って移動させる方式である。最近は、乾燥庫の上にコールドトラップを置き、乾燥庫の両側に扉を持ってトロリーをワンウェイで移動し、ハンドリングを良くしたタイプもある。これらトロリー方式は、予備凍結庫が専用となる。

　この他に、各乾燥機メーカーでいろいろなタイプがあるが、どのタイプが適切かは次のような面から検討を行う。

・乾燥機の大きさ
・設置場所のスペース
・冷凍庫の有効利用
・コールドトラップが内蔵型か外部設置型か
・被乾燥物の流れ（前処理室→予備凍結庫→乾燥庫→包装作業室）

さらに、次の点も考慮する必要がある。

・乾燥上がり状態の確認の容易性
・棚の汚れの点検、洗浄、清掃等の容易性、簡素性など

　最近では棚板に塵、乾燥くずなどが滞留しないようにするなど、細部にわたり異物混入対策がとられた乾燥庫もある。

(2) 棚加熱装置

　0℃の氷1gを昇華する際に熱量[※3]を奪うので、昇華を促進するには、被乾燥物に熱を供給する必要がある。

そのため、棚の中には熱媒[※4]が循環している。棚加熱最高温度、棚冷却温度等はメーカーや機種により異なる。

棚加熱のタイミングは、真空度が1・07hPa、0.8torr 以下に達した後、しばらく真空度が安定してからが望ましい（およそ1時間前後放置）。

※3 0℃の氷1gを昇華させるには、融解熱334Jと蒸発熱2502Jの和で2836Jのエネルギーが必要（1cal=4.1855J）。

※4 最近の装置はNSF・HT1規格（NSFクラスHT1認証〈NSF認証登録No.127662〉「食品との偶発的な接触が許容される熱媒体油："Heat transfer fluid where is possibility of food contact.（HT1）"」に適合）の熱媒体オイルを使用。

(3) チャンバー内の棚とトレーの関係

チャンバー内の被乾燥物への熱の送り方は、図表3―2のとおり3種類ある。

図のaは小型乾燥機に見られることがあり、トレーを直接棚の上に一枚ずつ挿入する。

一方、現在のトロリー方式を含め、大型生産機は、ほとんどがbのようなタイプになっている。

cは、最近では見られないデンマーク・アトラス社製の高速凍結乾燥機のタイプ。トレーに積載された被乾燥物の上にエキスパンドメタル[※5]を載せ、加熱棚を可動式により上から順次プレス。トレーを挟む。熱の供給を上下から熱伝導で行うので、一番熱効率が良いといわれた。しかし、この乾燥機はかなり重装備で日本では普及しなかった。

※5 鋼板に千鳥状の切れ目を入れ、引き伸ばして網目状に加工したもので水蒸気の通りも良く、軽量でかつ強度がある。とくに、野菜のようにかさ張り、積載時に空隙ができるものに対して有効である。

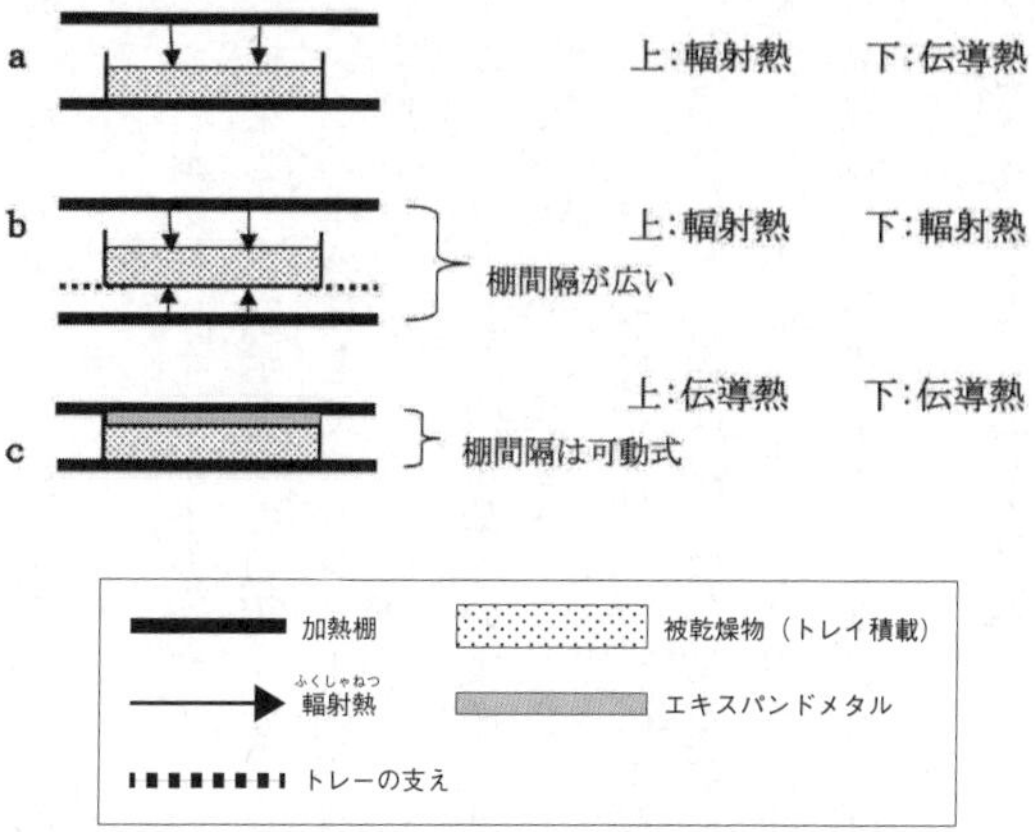

図表３－２　チャンバー内の加熱棚と熱の伝わり

2 コールドトラップ（凝縮装置）

凍結乾燥機のなかでもっとも大事な部分であり、実際の脱水能力、良好な真空度の保持に関わってくる。

図表３―１で、外部設置の冷凍機によりトラップが冷却される。冷却温度はマイナス45℃などと機種により異なる。

(1) コールドトラップの必要性

コールドトラップは、チャンバー内の気圧を下げて良好な真空を保持し、乾燥を進めるために必要。それには、昇華した水蒸気がチャンバー内に滞留しないように、蒸気を取り除く必要がある。

しかし、たとえば氷１gの０・１３３hPa（0.1torr）

での体積は、およそ1万ℓと膨大になり、これらの水蒸気を真空ポンプで排気するのは困難である。

そこで、蒸気をコールドトラップへ誘導して氷として捕集し、真空ポンプの負担をかけないようにする。このようにしてチャンバー内の良好な真空を保持する。

コールドトラップ内の冷却管の表面温度が低いほど、当然、凝結能力が良い。

コールドトラップは、凍結乾燥機の心臓部である。この能力がその凍結乾燥機の脱水能力（被乾燥物の水分）を表すだけでなく、トラップ性能の優劣が製品品質、乾燥効率に大きな影響を与える。

(2) コールドトラップの構造

コールドトラップの内部は、コイル状か蛇管状、もしくは多管状のSUS製パイプ（冷却管）が配置されており、チャンバー内から流れてくる水蒸気がこれらのパイプ間を通る。そして、水蒸気を捕集し、パイプに凝結させる。

吸入側に多く凝結しないようパイプ自体の配置の仕方、パイプの形状、パイプの直径、パイプ同士の間隔（凝結量が増えてくるとパイプ間の隙間が狭くなり蒸気の流れが悪くなる）など、チャンバー内から昇華される水蒸気をいかに、このパイプ（パイプの表面積）に効率良く凝結ができるかがコールドトラップの要である。

また、これらのパイプの構造は、デフロスト（氷の融解）のしやすさにも関わる。

(3) コールドトラップの設置と始動

① コールドトラップの設置

コールドトラップは外部設置が多いが、乾燥庫内の内蔵型もある。

内蔵型のメリットは、工期が短いこと。また、コールドトラップがすぐ近くにあることから、凝結の効率が良い。デメリットとしては、装置が長くなり、設置面積が大きくなることである。

最近では、コールドトラップを2台に分けて交互に使用することにより、昇華量に対応し、かつデフロストする時間のロスを抑え連続運転を可能にしている。どのタイプが適切か、設置場所のスペースなどにより検討する。

② コールドトラップの始動

コールドトラップは、乾燥開始前から運転し、十分凝縮能力を高めておく必要がある。理由は、乾燥をスタートさせてからの初期段階、いわゆる1次乾燥期で、ほとんどが自由水[※6]で水離れや熱効率が良く、一番昇華量が多いからである。この昇華量に凝縮能力が対応できると、棚温度を高く上げることができる。

後半の2次乾燥期は自由水から結合水の除去に入り、昇華量も減少しコールドトラップの負荷も減る。

※6　自由水とは組織の中にあり、単に保持されているだけで普通の水の性質を示す。一方、結合水は成分と水素結合で強く結びついている水（不凍水）で、水離れが悪い。

(4) デフロスト（氷の融解）の必要性

パイプの表面に付着した氷の層が厚くなると、本来の冷却温度が熱伝達抵抗により発揮できず、凝縮能力は落ちる。凝縮能力が落ちると良好な真空の保持が困難となることから、デフロストを行う。

デフロストの方法はそれぞれであるが、乾燥機の回転率を上げるため短時間で簡単にできる方が良い。方法としては、コールドトップ内に水を張り、その中に蒸気を吹き込むか、真空中のコールドトラップへ蒸気を入れデフロストを行う。

デフロストは、チャンバー内の臭いも除去できる。融解された水は、コールドトラップの下のドレイン抜き弁から排水する。

当初の国産手作りパイロット機は1バッチの積載が20kgぐらいであったが、トラップの凝結能力が150kgほどあり、しばらくは連続運転が可能（乾燥歩留にもよる）であった。真空度については当然、パイプに凝結する氷の層が厚くなって良くないが、0・53hPa（0.4torr）～1・07hPa（0.8torr）でも支障のない野菜などの被乾燥物もある。

(5) 冷凍機

図表3―1で、冷凍機の冷凍サイクルは、圧縮（コンプレッサー）→凝縮（凝縮器）→膨張（膨張弁）→蒸発（蒸発器）と、密閉容器の中で冷媒[※7]が状態変化をしながら一定方向に循環して、コールドトラップを冷却する。

冷凍機を取り扱う場合、扱う規模により冷凍機責任者を設置しなければならない場合がある。冷凍に関する製造保安責任者免除として、第一種冷凍機械責任者免除、第二種冷凍機械責任者免除、第三種冷凍機械責任者免除がある。第一種は、1日の冷凍能力に制限がない。第二種は300t未満で、第三種が100t未満となっている（高圧ガス保安協会）。

※7　これまでR22が使用されてきたが、フロン排出抑制法にて廃止の方向へ動いている。現在R‐404Aなどがある

が2025年規制に該当するので、最近の食品用システムではNH_3（アンモニア）-CO_2（炭酸ガス）の自然冷媒のシステムの方向にある。将来的には、空気冷凍システムの使用などの可能性があるようである。

3 真空装置とバイパス

(1) バキュームポンプ（真空ポンプ）

図表3―1のC：バキュームポンプは、次のような種類がある。

・油回転式真空ポンプ（ロータリーポンプ）……もっとも代表的な真空ポンプで、経済性・操作性に優れる

・ドライポンプ……真空ポンプ自体が油などを使用しないクリーンなポンプで、アルコール含有物の排気に使用できる（第8章1(3)「⑤食品用エタノール製剤」参照）

・メカニカルブースターポンプ……油回転真空ポンプとドライポンプを組み合わせたもの

・スチームエジェクタポンプ（蒸気真空ポンプ）……水蒸気を高速で噴射する仕組みで回転部分がなく故障は少ない（アスピレーター器具の原理）

スチームエジェクタポンプは、かつてのデンマーク・アトラス社製乾燥機のポンプがそれで、最初の真空引きにはジェットエンジンのような爆音を発した。また、当時の蒸気発生装置のボイラーが失火して蒸気不足になることもあった。

(2) バイパス

バイパスは、コールドトラップを通らずに乾燥庫と真空ポンプを直接つなぐときや、数台の乾燥機

をつなぐときに行う。

① 直接つなぐとき

昇華量が少ない乾燥の終わりに乾燥庫側にあるバイパス弁（図表3―1には不記載）を開けて真空ポンプに直結することにより、乾燥を継続しつつ、コールドトラップのデフロストを行い、次の乾燥のスタートに備える。

② 数台の乾燥機をつなぐとき

複数の乾燥機を稼働させる場合や、本体のコールドトラップだけでは真空度が良くならない場合、他機の乾燥状態が終末で被乾燥物の昇華量が少なくコールドトラップ負荷に余裕のある乾燥機のコールドトラップとバイパスすることにより、乾燥を効率的に進める方法もある。しかし、このバイパス方法は真空バックすることがあり、かなり慎重に行う必要がある。

乾燥機の基本的な運転手順

1 乾燥機の操作

(1) 乾燥機の準備からスタート

図表3―1で、すべての弁・バルブが閉まっていることを確認後に操作する。

①冷凍機を運転（コールドトラップを十分冷却する）
②バキュームポンプを運転（継続運転している場合が多い）
③図のバルブⅱを開き、コールドトラップ内を真空に保つ
④チャージする
⑤被乾燥物の底・中心・表面に品温測定のサーモ

カップルを差し込む
⑥チャンバーの蓋を閉め、しっかり密封
⑦真空引きにメインバルブ・iを開ける
⑧目的の真空度になったことを確認
⑨棚の加熱はあらかじめプログラムに設定した棚温を上げる（一気に上げる場合と、徐々に温度を上げて行く場合があり、あらかじめ被乾燥物の乾燥パターンをプログラミングしたコントロールパネルのタッチパネルディスプレイにより自動的に棚温度等を制御する）
⑩表面・底部・中心部の品温が棚温度と一致したところで理屈上、乾燥終了

ただし、サーモカップルの端子を取り付ける箇所、トレー積載時の厚みの不均一も考えられるので、乾燥時間を少し継続する必要がある。

(2) 乾燥の終了

乾燥の終了は次の通りである。
①メインバルブ・iを締める
②チャンバーのブレーク弁をゆっくりと開ける
③チャンバー内の気圧が常圧に戻ると蓋を開け乾燥品を取り出す

2 チャンバー内での乾燥進行状態

図表3―3のように周囲から同じように熱がかかると、周囲から昇華が進み乾燥が始まる。昇華が進むにつれて凍結部分が小さくなる。

この乾燥の推移を詳しく述べると、まず、昇華により自由水（氷結晶）が取り除かれる（1次乾燥期）。次に、乾燥の終末に結合水（不凍水）などの残った水分が真空乾燥に近い形で除去される

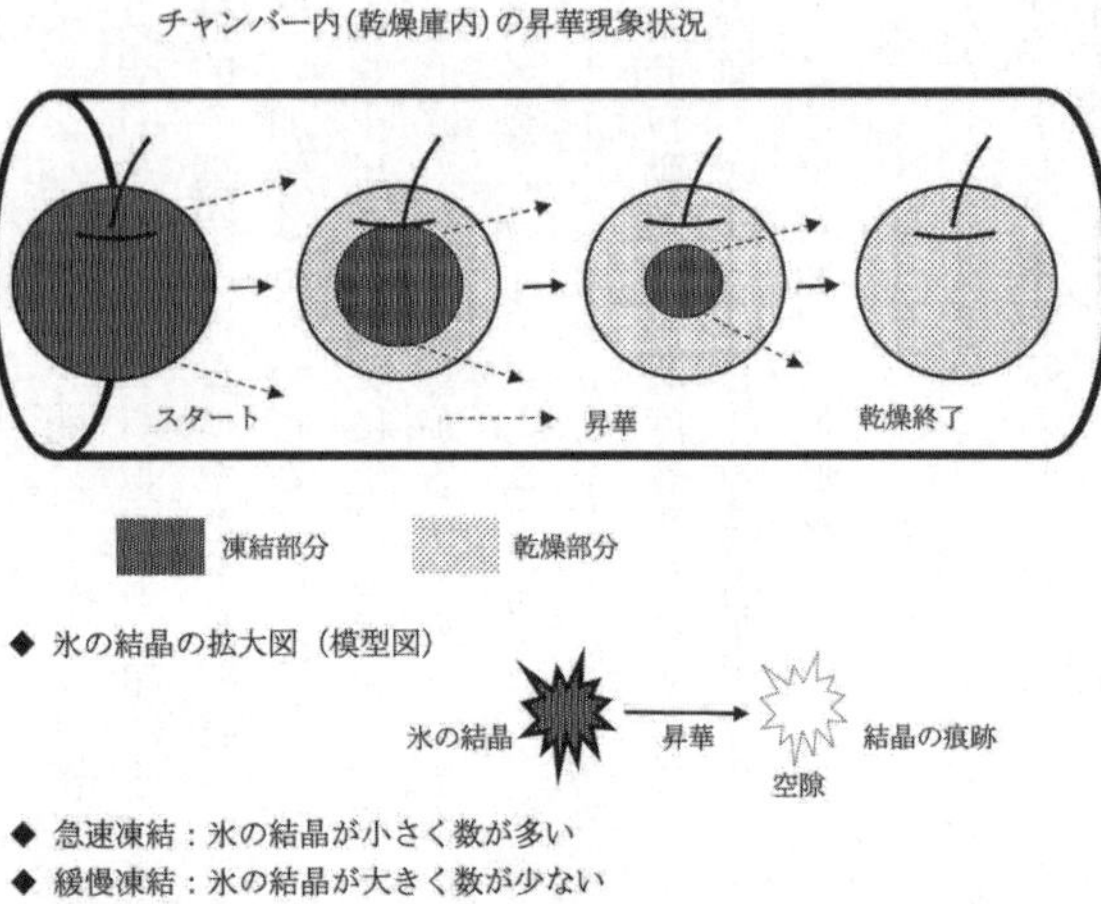

図表3－3　凍結乾燥の推移（模型図）

（2次乾燥期）。したがって、凍結乾燥の特徴は1次乾燥期で形成される。

凍結乾燥の大きな特徴は、乾燥進行状態が「乾燥しているか氷か」である。ここが、ほかの乾燥方法ともっとも異なる。乾燥終了したかどうか確認したいとき、本来は衛生上不可であるが、たとえば乾燥品を手で触ってみて冷気（氷）を感じるようであれば、未乾燥の部分があることになる。

ＦＤ製法は、食品産業のなかでも比較的製造工程が長い。

製造形態としては、カット野菜食品の加工、惣菜食品の加工、冷凍食品の加工、乾燥食品の加工などがある。

製造工程は大きく分けると、前処理工程・乾燥工程・包装工程の３つに分けられる（図表４―１）。前処理工程は、調理工程（原料処理・調理）→調理・味付け→トレー積載工程→予備凍結工程までを指す。

乾燥工程では、各機械の操作のほか、乾燥棚温度・品温・真空度などの管理および日常の機械の

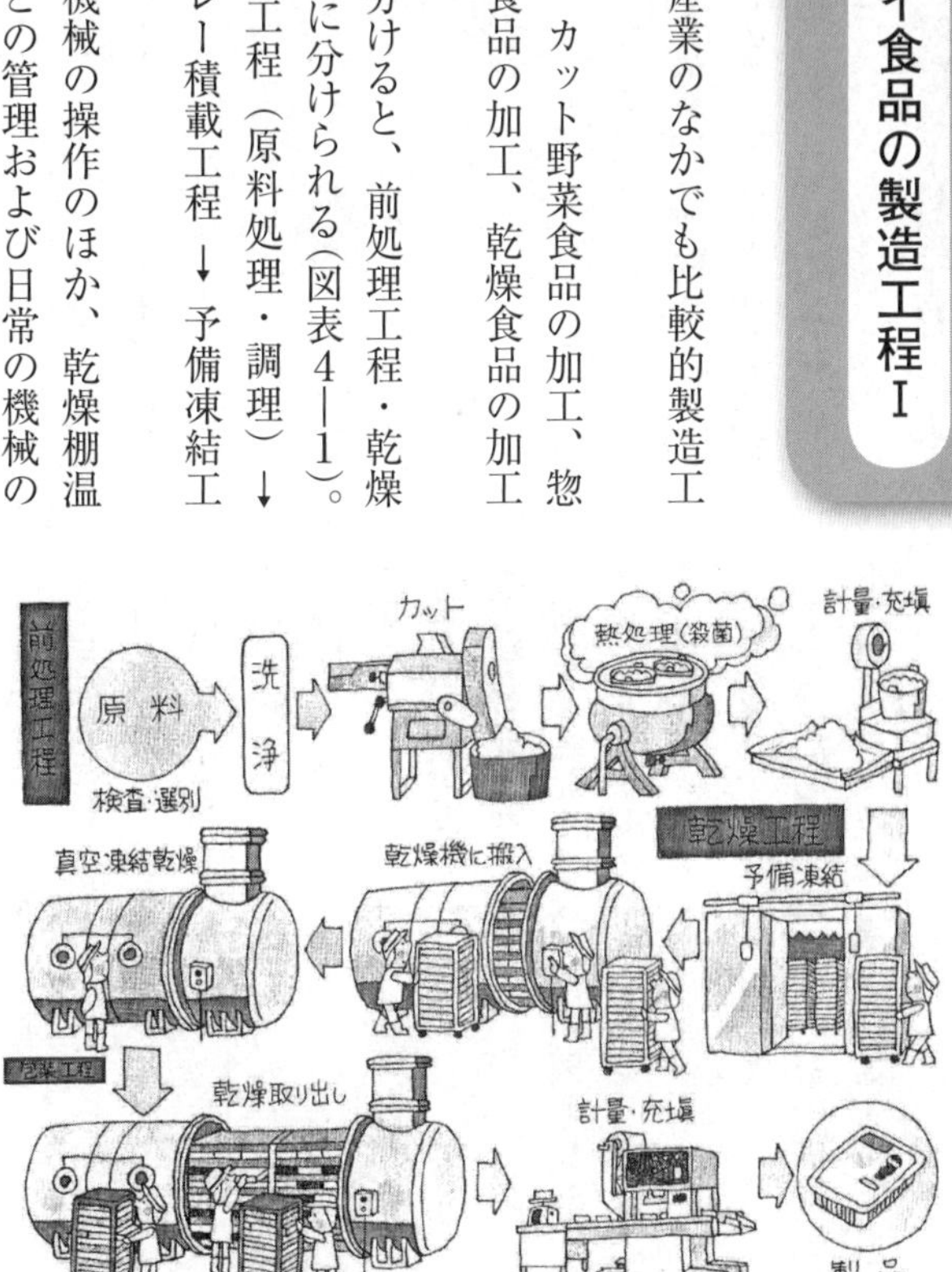

宮坂醸造㈱提供
資料：日本凍結乾燥食品工業会二十五年史

図表４－１　製造工程モデル図

保守点検を行う。

　包装工程は、乾燥品の取り出し↓計量↓異物選別↓各処理↓製品化↓梱包↓保管まで行う。

　工程中のどこかでトラブルが発生すると、最終製品の品質に支障を来たすことになる。

　この章では調理工程、トレー積載工程、予備凍結工程について述べる。

前処理工程・調理工程

　調理処理は次のような目的がある。

①製品保存中における品質の変質防止

　保管中における品質の変質として、変色（褐変、退色など）、吸湿、ケーキング（固結）、異味・異臭、油脂の酸化などがある。

　むろん、これらへの対応は前処理工程だけでなく、後の工程でも対処が必要。

②目的の品質を得る

　具体的には、以下の点を指す。
・復元性、溶解性を高める
・食感がある
・風味、色彩がある
・壊れない
・長期保存が可能

③新製品開発

　新製品開発では、乾燥が困難なものを可能にしたり、素材がもつ特性を保持したりすることを目的に行う。

④その他

　その他として、乾燥品収量のアップによるコストダウンや、乾燥時間の短縮などである。

1 野菜類

(1) 野菜の原料処理

原料の厳選は、素材の特性、色調、味、香りなどの表現に大事で、そこにＦＤ製法の付加価値を見出している。原料が悪いと、長い製造工程に耐えられないことが多い。

野菜は生鮮原料と冷凍原料とで処理の方法が異なる。とくに生鮮から冷凍への切り替えは、その原料の違いが製品品質に現れる。

生鮮野菜は品種や産地間で品質が異なることがあり、あらかじめ品種、大まかな産地指定を検討しておく方が無難である。

年間を通じて、ほぼ一定量を使用する場合は、加工用に特化[※1]した契約栽培の方法もある。野菜の加工用栽培は、国の機関も「加工・業務用野菜生産基盤強化事業について」と称し推奨している。

しかし、今般の自然災害、地球温暖化による天候不順等のリスクを考えると、１カ所の契約栽培では不安なところがある。

※1　野菜の欲しい部分が大きく育つような品種、栽培方法を行い、安定した原料確保を行う。

(2) カット方法

たとえば大根・ニンジン・筍・アスパラガス・ゴボウなどは、繊維に対して直角にカットするか平行かにより、乾燥のしやすさと復元の食感が異なる。

繊維に直角にカットした野菜は乾燥しやすいが、繊維が短いため食感が乏しく、ものによっては繊維が表面に出てシワシワになることがある。たとえば筍の直角切りは、凍結による繊維間の空隙が大きく断面がスポンジ状態で、食感が乏しい。一方、平行にカットすると、やや筋っぽく本来の食感とは異なるものの繊維が長い分、食感が維持される（醤油等で味付けすると復元、食感が変わる）。

(3) ブランチング

ブランチング（できない野菜もあり）は、製品の保存中の変質を防ぐため、あるいは、発色（鮮やかなグリーンなど）、殺菌を目的に行う。

変質には、酵素的変質と非酵素的変質[※2]があり、酵素的変質は日常によく見られる。たとえば、バナナやリンゴ・山イモ・ゴボウ・レンコンなどは、カットしてしばらくすると切り口が変色する。これは、アクの成分が空気に触れ、酵素によって褐色の物質が生成されるためである。これを防ぐには通常、処理中に空気に触れないように水にさらすほか、いろいろな対処法が知られている。

ブランチングは、酵素的変質を防ぐために、野菜に含まれている酵素（酸化酵素は生体の細胞によってつくられるタンパク質）を失活させるのである。

ブランチングには、熱湯処理（熱水ブランチング）と蒸気処理（スチームブランチング）の方法があり、どちらも加熱後、冷却する。

余談だが、非酵素的変色を起こす一例として、糖分の多い玉ネギを加熱すると褐色になる。これは、メイラード反応による褐変物質メラノイジンの生成によるものである。このことから、熱風乾燥には、白く乾燥されるよう糖分の少ない玉ネギがよく使われる。

※2　代表的なものにメイラード反応がある。これは、還元糖のカルボニル基とアミノ酸のアミノ基との共存で反応が起こるもっとも一般的な現象である。醤油（最近は特殊容器できれいな色を持続している）、味噌（脱酸素剤入りで対策）、黒い奈良漬けなどがある。ほかに、砂糖を加熱していくと見られるカラメル化反応がある。「生キャラメル」は、牛乳やバターなどと低温でゆっくりと加熱して色合いと風味を出したものである。

① 熱湯処理（熱水ブランチング）

〔メリット〕

・トレーの積載量が増す（ホウレン草・小松菜・キャベツのようにかさ張る葉物野菜類）
・乾燥工程で野菜間の隙間がないので、熱の伝達が良く乾燥効率が良い
・野菜のアク抜きができる（撹拌しながら湯通しする）
・復元すると鮮やかな緑色を呈する
・約0・01～0・05％の重曹（炭酸水素ナトリウム）を使用すると野菜の茎や芯などを柔らかくすることができ、加熱しすぎによる変色も抑えられる
・塩を少々入れることでナトリウムが緑黄野菜に含まれているクロロフィルを安定させ、葉物野菜の変色を防ぐ

〔デメリット〕

・撹拌作業のための人員が必要
・アクのため熱湯を交換する手間がかかる
・ジャガイモなどの可溶性でん粉や、ニンジン・ホウレン草などのビタミンCなど栄養成分が流出
・でん粉が流出すると最終的に乾燥品の収量が減少する
・トレー積載時、ホウレン草など葉物の絡みをほぐす必要がある

② 蒸気処理（スチームブランチング）

スチームに適する野菜は比較的、熱により色調が変わりにくい大根や、菌茸類など。また、煮崩れしやすいジャガイモ、里芋、カボチャなど。そして、かさ張らないエンドウ豆、スイートコーンなどである。

〔メリット〕

・可溶性成分やビタミンCなどの栄養成分が流出しない
・熱水を沸かす手間がいらない
・水流冷却が不要
・スチーム後、放冷による水分の蒸発で、余分な水の除去ができる

〔デメリット〕

・スチーム庫設備が必要
・トレー積載の厚みを均一にしなければならない
・色調、柔らかさなどの品質を確認しながら加熱の加減ができない
・庫内の上部・下部・蒸気の吹き出し口など場所による温度差が生じやすい
・庫内の蒸気の露がトレーに落下するので、ポリシートを被乾燥物の上に被せる必要がある

(4) 冷却方法

葉物野菜はブランチング後、時間の経過とともに緑が変色しやすいので、ただちに冷却する。冷却方法は、水流冷却と真空冷却がある。

一般的には水流冷却が行われるが、余分な水気が付着すると乾燥時間に影響を与えるので、脱水機などで絞る。

真空冷却は水分の蒸発潜熱による冷却で、内部から均一に冷却される。真空冷却は、鮮度保持と予

冷（野菜の呼吸を抑える）のため収穫した生鮮野菜をダンボールに詰めたまま利用される。

水流冷却・真空冷却いずれも細菌の二次汚染がないよう細心の取扱いが必要である。

(5) 糖処理

吸湿防止、壊れ防止、乾燥品収量のアップ（歩留アップによるコストダウン）などの目的で糖処理をすることがある。使用する糖は乾燥上がり品同士が付着しないことと、甘くない糖を選ぶ。たとえば、10～15％の甘くない糖液でブランチングする。液切りした後、放冷か真空冷却を行う。または、湯でブランチングし、冷却後、同様の糖液に浸漬処理する。

スチームブランチングした場合は、冷却後に同程度の糖液に浸漬処理する。どの処理をするかは、葉物野菜、根菜類、豆類などで作業性が異なり、それぞれに適した方法で行う。糖の選択は乳糖、甘くない還元水飴などが適している。

図表4―2に具材、素材としての利用ができる野菜を示した。

(6) 野菜ペースト類

ペーストとして、カボチャ・ニンジン・グリンピース・玉ネギ・ホウレン草・サツマイモなどがある。

野菜ペーストは地域の特産物が多く、先に述べたドラム乾燥が利用されることがある。薄い鱗片状（フレーク）の形が特徴で、ふりかけなどとして道の駅や直売所などで販売されている。ＦＤの利用としては、加熱殺菌済みペースト物に甘くな

図表4－2　具材、素材としての野菜（一例）

葉菜類	レタス	果菜類	茎菜類	マメ類	菌茸類
キャベツ	玉葱	茄子	アスパラガス	小豆	エノキダケ
小松菜	にんにく	トマト	ザーサイ	インゲンマメ	エリンギ
春菊	ネギ	ピーマン	筍	エンドウ	キクラゲ
セリ	ワケギ	シシトウ	花菜類	ヒヨコマメ	椎茸
セロリ	根菜類	カボチャ	ブロッコリー	レンズマメ	ナメコ
タアサイ	蕪	ズッキーニ	カリフラワー	イモ類	マイタケ
チンゲンサイ	大根	キュウリ	ミョウガ	サツマイモ	ブナシメジ
野沢菜	ゴボウ	スイートコーン	その他	里芋	マッシュルーム
白菜	ショウガ	冬瓜	果実的野菜	ジャガイモ	
ホウレン草	人参	オクラ	モヤシ	長芋	
水菜	蓮根			山芋	
三つ葉	ユリ根				

いでん粉分解物などを混合してゲル化剤で固め、ダイス状にカットもしくはミンチにかけてサイコロ・ミンチ（粗粒）の乾燥品を得る。スナック商品やトッピングとして使用される。

2　果汁・果物類

(1) 果　汁

原料は1／5濃縮などがあり、糖度は50～55％ほどである（レモン濃縮果汁は低い）。果汁の乾燥は、かつては頻繁に行われていたが、近年、即席粉末果汁製品はあまり見かけないようである。

果汁の乾燥には果汁単独と、パルプを利用した混合品の二通りがある。いずれも果汁には結合水（成分と強く結びついている水）が多く、水離れが悪いためもっとも乾燥しにくい部類である。

乾燥歩留20％以下が乾燥の目安である。したがって、果汁単独は固形分含量が20％以下になるように希釈する。

果汁のパルプ（絞りかす）を併用する場合でも、固形分含量（乾燥歩留）20％以下が適切である。パルプを用いるとパルプが乾燥中の乾燥構造の骨子となり、ベーパーパス（水蒸気の通り道）がある程度、確保され果汁単独よりは乾燥がスムーズに進む。

同じ糖度でも果汁の種類によっては、凍結具合（凍結率）が違い乾燥のしやすさが異なる。いずれもしっかり凍結させる。

果汁単独もパルプ入りも乾燥品（パウダー）は非常に吸湿性があり、吸湿しなくても保存中に自重でケーキング（固結）を起こすことがある。乾燥に際しては、乾燥の可否だけでなく、乾燥後の処理工程（異物選別、粉砕、計量、梱包など）の作業性、製品の保管中の良好な品質の保持も考慮して、乾燥歩留などを決める必要がある。果汁単独、パルプ入りの乾燥については、第5章 乾燥工程1「(1) 棚温度のかけ方」「(2) 品温」参照。

濃縮果汁やジャムなどの乾燥は、無水結晶ブドウ糖が水分を取り込むと強固な固結化を起こす特性を利用して、簡単に爽やかな果汁パウダーが得られる。乾燥品中の果汁含量は低い。

たとえば、糖度42度のイチゴジャムは、固形物を潰して冷蔵庫で冷やし、無水結晶ブドウ糖を等量以上（等量以下でも時間が経てば固まることもあり）混合攪拌してしばらく放置すると固形化する。この固形化は、無水結晶ブドウ糖が多いほど速いので、敏速にトレー積載をする。乾燥時間（ほぼ真空乾燥）は固形含量が非常に高いので通常よりもかなり短く、仕上がりはたいへん硬い。さらに、乾燥品は吸湿、ケーキングが起こりにくい。

(2) 生鮮果物

地域の特産物を利用した6次産業化商品[※3]には、野菜をはじめ、いろいろなものがある。なかでもFD品は手作り感と、軽く珍しいこともあり、道の駅や直売所などで販売される。季節に応じて次のようなものができる（写真4―1）。

① リンゴ

ポリフェノールが酸化酵素によって空気と反応し、変色するので、1～2％の食塩水または砂糖水に漬け、空気に触れないようにする。

①イチジク（左）　②西条柿（下）③イチゴ（右）　④ミカン（中央）

写真4－1　地域定着型商品

② 柿

熟し程度により乾燥品同士張り付くことがあるため、スライス品の間にポリシートを挟む。

③ キウイ

通常の乾燥を行うスライスのほか、野菜ペースト同様、ペースト状からサイコロやミンチ（粗粒）にしたものもある。

④ スイカ

果肉がしっかりしているものを選び、乾燥後は壊れやすく吸湿が激しいので取扱いに注意。スイカの色はカロテンとリコピンであるが、注目成分のシトルリン（血行改善や活性酸素除去作用が期待される）を含む。とくにカラハリスイカが有名。

⑤ ブルーベリー

果皮がロウ物質のクチクラ層に覆われているため、通常通り乾燥するとベーパーパスがなく真空度が悪化し、メルト（氷の融解）して空洞のシュリンク（収縮）状態になる。自己凍結を行うとブルーベリー内の水蒸気の出口がないため膨らみ、ある程度形を保って乾燥が上がる。しかし、内部は空洞。

⑥ ブドウ

皮ごと食べられる大粒・中粒の種無しブドウ（ピオーネ、シャインマスカットなど）の場合、ブドウにフォークなどで数ケ所穴を開ける。この穴が蒸気の出口となり、シュリンクせずある程度形を保って乾燥が上がる。シャインマスカットの糖度は、スイカやイチゴの11～15％程度に比べて20％近くあり、乾燥の限界でしっかりと予備凍結をする必要がある。

⑦ ミニおよび中玉トマト

ブドウと同様、大きさに応じてフォークで数カ所穴を開ける。トマトは糖分が約10％（かなり甘い品種もあり）なので、ほぼ原形を保って乾燥が上がる。

⑧ イチゴ

形はホールが多いが、カット品も断面がきれい。

⑨ バナナ

リンゴと同様、ポリフェノールの酸化による変色を起こすので、薄いアスコルビン酸液などに浸漬する。乾燥後張り付くことがある。

⑩ その他

ミカンやレモンの輪切り（吸湿するとビタミンCの分解により褐変）、イチジクのカット品、モモのスライス品など。

これらに共通していることは、非加熱のため酵素が活性を帯びることのないよう低水分まで乾燥し、吸湿に注意して製品を保管することである。

これらフルーツの乾燥はFDのみならず、マイクロ波乾燥・真空乾燥などいろいろな乾燥方法で乾燥されている。

また、果肉ペーストは特産の規格外品、摘果品の有効再利用としていろいろと模索されている。

※3　農産物の貿易自由化（TPP）に対応するため、6次産業化（平成22年に「六次産業化・地産地消法」が公布）が推進された。これは、これまでの農林漁業者（第1次産業）が加工・製造（第2次産業）から流通・販売（第3次産業）まで行うもので、1次×2次×3次（当初は足し算）で6次化産業と呼ばれている。農山漁村の豊かな地域資源を活用して新たな付加価値を生み出し、所得の向上や雇用の確保を図る。全国に6次産業化サポートセンター、中央に6次産業化中央サポートセンターがあり、農林漁業者をサポートしている。

(3) 缶詰の果肉原料

缶詰シロップは、エキストラライト（糖度10〜14％未満）からエキストラヘビー（糖度22％以上）の4段階ある。このうち、乾燥に適するのは、第2段階のライト級（糖度14〜18％未満）までである。

生鮮果物、缶詰の果肉のスライス品が乾燥後に張り付く場合、10％以上の乳糖などの液に浸漬処理すると、いくぶん改良されることがある。

① 栗

皮むき缶詰で、ホール、ブロークン（壊れ品）がある。ブロークンをさらに砕き、そのまま乾燥を行い粗粒品とする。栗は保存中、香りに変化が生じることがあり、ビタミンE処理するのが望ましい。

② パイナップル

ホールとチビット（カット品）がある。繊維が硬い部位は、乾燥後も硬く、やや筋っぽい。

③ 桃

白桃よりも黄桃の方が果肉はしっかりしていて扱いやすい。

④ ミカン・柑橘類

袋が昇華の水蒸気の出口を防ぎ、ブルーベリー同様、爆発気味に乾燥が上がる。グレープフルーツの砂嚢《さのう》は、少量の精製パーム油と乳化剤で自己凍結を行うと乾燥可能（予備凍結工程　4「自己凍結とその利用」参照）。

(4) 冷凍原料（主にイチゴ）

冷凍原料のなかでもイチゴは生産量が多く、世界的規模で生産されている。この冷凍原料を使用したFD製品は、シリアルなどに使用されている。

製品に求められる品質は香り・色（果肉の中ま

で濃い赤色）・酸味・適度な硬さ・粒度であるが、品種の主流は収量・品質とともに変遷する。主な生産地はアメリカのカリフォルニアやヨーロッパ、そして近年では中国でも盛んに栽培されている。種類としてはチャンドラー種、カマロッサ種、センガセンガナ種、US13号などがある。これらの冷凍原料のどれを使用するかは、各社各様である。

イチゴ製品の形態として、ホール状・粗粒タイプ・パウダーがある。

① ホール

ホワイトチョコレートでコーティングされた商品が有名。

② 粗粒（やや硬い目）タイプ

シリアルなどに利用されるほか、チョコレートなどスイーツやかき氷などのトッピング、クリームへの練り込みなどにも使用されている。

粗粒タイプの製造課題は、粒子の揃え方と粒度分布（比重に関係する）で、いかにパウダーの発生を減らし、規格内の粗粒の収率を上げるかが重要で、少し硬く仕上げる必要がある。たとえば前処理として、凍結イチゴをペースト状にしてでん粉分解物などを混合し、ゲル化剤で固めた後、ミートチョッパーに通し、ミンチ状を得る。

③ パウダー

そのままではコストが高すぎ、吸湿性が高くブロッキングも起こりやすい。そこで、凍結イチゴをミートチョッパーにかけるとき、でん粉分解乳糖物、乳糖などを混合する。イチゴの色素はアントシアニン（ポリフェノール系）で、吸湿しなければ比較的安定している。

果汁・果物類の乾燥中、表面に小さい発泡が生じる場合があるが、これは表面の凍結が緩んだサインであり、発泡部分の乾燥品は吸湿が激しい。果物の場合、トレー積載時に、十分水で濡らしたペーパーまたは布を被せると幾分改善される。また、缶詰のスライス品は水にさっとさらすと良い。

非加熱の野菜や果物など加熱殺菌ができない被乾燥物の除菌については、第8章1「(3) 菌を殺す(除菌・殺菌)」参照。

3 肉類

肉類の製品化でいちばん対応を講ずる点は、脂肪の酸化[※4]である。

乾燥品の保存中の酸化は、空気中の酸素(約21%)・光・温度などにより起こり、酸化が進むと不快な酸化臭を発する。肉類の脂肪は飽和脂肪酸や一価不飽和脂肪酸が多く、魚の多価不飽和脂肪酸(DHA、EPAなど)よりは酸化速度が遅いが、乾燥品で1年以上にわたって酸化による品質の劣化を防ぐには、しっかり対策をする必要がある。

酸化が起こりやすい理由は、一つには、乾燥品が多孔質構造(凍結による結晶痕跡の空隙)で、組織間に点在している脂肪が空気に触れる面が大きいことがある。とくに、脂肪が少ないほど相対的に空気に触れる面が大きくなるので不安定である。

また、低水分のため水分子による被膜効果がなく、空気にさらされていることも理由である。

対策として、たとえば形のある肉類は、代表的な抗酸化剤であるビタミンE(この場合水溶性)を、10~20%の糖(還元水飴など甘くない)を含む醤油味の調味液に添加。この液でボイルするか、肉を加熱後、液に浸漬する。この液の糖が多孔質の空隙を埋め、醤油が酸化を抑える。ビタミンEの添加量は、トコフェロールの含有量により異なる。

※4 油脂が空気と接触すると、油脂の不飽和脂肪酸（不安定な二重結合）に酸素が結びつくことをきっかけに、ラジカル連鎖反応を通して酸化が進行し、不安定な過酸化物（パーオキサイド）を生じる。これを脂質（脂肪）の自動酸化と呼ぶ。酸化の進み具合としては、最初は酸化がゆっくりと進み（誘導期間）、次第にピークを目指して上がって、ついには停止する。過酸化物はアルデヒドなどに分解され、不快な酸化臭を発する。この上がり具合やピークの高さなどは油脂の種類・抗酸化処理・保管状況などにより変わり、それぞれの追跡調査により、製品の品質保証期間を担保する。

(1) 鶏　肉

鶏肉は安価で使用用途も広く、いろいろな面に使われている。FD品の原料は主に成鶏（採卵期間を終えた雌鶏）とブロイラーを使用している。FDパウダー、FDミンチは味のよく出る成鶏を使用し、FDチップ・FDスライス・FDダイスは、ブロイラー（皮無し）の胸肉を使用する。胸肉はバサバサ感があり消費量が少ないが、最近、疲労回復効果が期待されるイミダゾールペプチドという成分が含まれていると注目されている。イミダゾールペプチドは、とくに、長距離を飛ぶ渡り鳥や回遊魚の筋肉に多く含まれ、疲労回復ドリンク剤やサプリメントなどが商品化されている。鶏胸肉ではブロイラー（50～60日）よりも地鶏（120～140日）の方が1・8倍ほど含有量は高い報告もあり、成分含量が高くなる鶏のエサも研究されている。この機能性は、安価な胸肉に大きな付加価値を与える。

FD鶏肉製品の一例として次のような処理をする。鶏肉は肉自体が小さいので、大きなスライス品やダイス状は望めない。

① **ＦＤミンチ品**

成鶏を希望サイズの凍結ミンチにかけ、スチームあるいは前述に準じた調味液でボイルする。ボイル品はドリップ切りした後、トレー積載する。スチーム品は、塊をほぐした後、同様の液に浸漬↓ドリップ切り↓トレー積載する。

② **ＦＤチップ品**

冷凍胸肉を２～３㎜にスライスし、以下同様の処理を行う。ＦＤ後、希望の大きさに粗砕する。

③ **ＦＤスライス品**

冷凍胸肉を適宜棒状に切り、スチーム↓再度軽く凍結↓希望の厚みにスライス、以下同様に浸漬処理。

④ **ＦＤダイス品**

冷凍胸肉を希望の厚みの板状に切り、スチーム↓再度軽く凍結↓希望のダイスにカット（櫛刃付き高速裁断機）する。以下同様に浸漬。

⑤ **ＦＤササミ**

脂肪が少なく肉質の組織もはっきりしているので、組織（筋を除去する）に沿って平行にも直角にもカット可能。ササミ自体をそのままスチームし、ローラーなどで組織に沿って圧延すると繊維状のものが得られる。

(2) 豚　肉

豚肉は豚骨スープのイメージが強く、豚肉本来の味を特徴付けするのは難しいようである。鶏肉・牛肉はパウダー・エキス類と商品の種類が多いが、豚肉は商品が少ない。しかし、豚肉は即席カップ麺には欠かせず、具材などとして多く製品化されている。

原料は主にモモ肉とバラ肉で、モモ肉は脂肪が少なく、バラ肉は脂肪が多い。

ミンチにする場合は、目的に応じてモモ肉単独かバラ肉との混合で使用する。ミンチ品の作り方は基本的に鶏肉と同様だが、肉質は、部位によるが比較的硬く（粗い）、脂肪の融点も高いので少し大きいミンチも可能である。

また、パウダー（粗粒）として、ラーメンによく使用されている背脂（A脂、B脂）がある。背脂とは豚の背中の肉に付いている脂（ロースの上にある脂身）で、融点が低く冷めても固まりにくい。A脂は臭みの少ない、グレードの高い背脂で、B脂はほかの部位の脂が混じっている。

FDチップ品・スライス品・ダイス品を得る場合は、モモ肉を使用する。処理は鶏肉同様にするが、肉自体が大きいので鶏肉よりは大きな製品が得られる。

豚肉でよく製品化されるのがチャーシューである。長方形型と丸型があり、丸型が多い。部位はバラ肉（赤身と脂身が交互に3層となる三枚肉）か、肩ロースである。加熱肉のケーシングをはがし、本体を軽く凍結して希望の厚みにスライス、味付け（抗酸化剤入り）した後、乾燥する。乾燥後チャーシュー同士が張り付き、はがす際に壊れる場合は、少し加湿（ウエット）してはがす。ウエットタイプとすることにより、輸送中の壊れが防止でき品質も保持される。ウエットタイプ（中間水分）については、第7章3「(1) ウエット品」参照。

(3) 牛肉

牛肉は、FDの価値を高めるため、肉類のなかでも最初に商品化された。経験的にも牛肉が豚肉や鶏肉よりも比較的安定しており、ビーフカレー・

牛肉ミンチ・すき焼きなどに商品化された。

牛肉は米国産か豪州産を使用。米国産は穀物を中心としたエサを与えられ、適度な脂肪がついているのに対し、豪州産（オージービーフ）は放牧で牧草を食べていることから運動量が多く、赤身が多い。牛肉は国によって部位の呼び名が違い複雑である。

使用部位はブリスケット（肩バラ）を中心に使うが、ミンチ・チップ・スライス品にはほかの部位も使用する。本体に検印スタンプが押してあればはぎ取り、前処理は鶏肉や豚肉同様に行う。味付けは牛肉パウダーや牛肉エキス、ローストビーフ味など優れた商品が多くあり、臭い消しも兼ねて玉ネギなどと併用することが多い。

その他の肉としてマトン（羊肉）があるが、シナモンと砂糖、しょう油で味付けると臭いが緩和される。

(4) 植物性タンパクの利用

肉の形状保持や復元性などの改良に植物性タンパクが利用される。

肉のミンチ・ダイス品は大きくすると肉質の塊が硬く、ジューシーさに欠けたりするため、植物性タンパクなどを混合使用し、改良を図る。植物性タンパクは結着性や保水性があり、味付けも容易である。ミンチ肉に練り込み結着させた後に、再度希望サイズのミンチを得る。あるいは、これを一枚の板に成形し、いずれもスチーム加熱する。加熱された成形肉は凍結して、希望のダイスに凍結カット（櫛刃付き高速裁断機）する。そしてミンチ・ダイス品を先のような調味液に浸漬する。

成形された板状からのダイスカットは、切れ端の発生が少ないのが大きなメリットである（第6章2「植物性タンパク」参照）。

4 魚介類

魚介類のFD品として製造量の多い鮭・貝類・イカ・エビについて述べる。

① 鮭

フィレを飽和食塩水でボイルして血合を除去し、可食部のみを取り出して希望の大きさに身を解す。ビタミンE・調味料入りの10~20%の甘くない糖液（還元水飴など）で浸漬処理を行うが、天然色素で着色することがある。魚の刺身などで抗酸化処理を怠ると、典型的な茶色に変色する。

② シジミなど

シジミ・アサリ・ハマグリ（復元しにくい）の乾燥品は、内臓の不快感がある場合は醤油味などで濃く味付けする。抗酸化処理は、ビタミンE以外に抗酸化剤である香辛料ローズマリー抽出物・茶抽出物などの併用もある。ローズマリー抽出物の香りは、内臓の嫌な臭いを緩和する。アサリは産卵期が春と秋の2回ある。産卵前は身がたっぷり入りうま味も十分だが、産卵後は身が細る。貝殻が薄いものは乾燥後割れやすい。砂噛みの確率をどこまで下げるかが課題である。

③ ホタテ貝柱

エサのプランクトンが海域によりカロテノイド色素を含有することがあり、貝柱の色が赤やオレンジのものもある。身を繊維に平行にスライスすると食感は良好で、ゆっくり加温したドリップの味は素材そのものの味。具材として養殖の間引き品のベビーホタテを使うことがある。

④ **イカ**

組織が非常に密で、足も含め復元しにくい。とくに、イカのリングは薄くスライスしても復元が困難。ムラサキイカ（組織が多少粗い）の下足なら2㎜程度の輪切りにすると復元する（即席カップ焼きそばに使用）。大きいムラサキイカの下足が復元に適す。

生産量は多くないがタコは、イカと同様組織が密で復元が困難であるが、水タコ（北海道や東北地方が産地）は組織がいくぶん柔らかく、乾燥品の復元も可能である。ボイルするときは収縮しやすいので、加熱の加減をする。

なお、貝柱・イカ・タコなどの浸漬処理は、鮭に準じて行う。

⑤ **エビ**

もっとも多くＦＤされている一つ。原料は東南アジア、インドなどで、サイズは国際規格により1ポンド（453・6ｇ）当たりのエビの数で表す。即席カップ麺などで求められる品質は、加熱して鮮やかな赤色を発色し、乾燥品が伸びきった形でなく、ふくよかな丸味をもつことである。

処理は原料を自然解凍した後、異物選別を行い、前述に準じた調味液でエビが収縮しないようにゆっくりと加熱する。原料によっては食品添加物・ポリリン酸ナトリウムなどを使用して膨らみをもたせることもある。また、乾燥品の色出しと風味付けにゴマ油を添加することもある。

5 油脂製品

バター風味のパウダー、生クリーム風味のパウダー、シーズニングオイルのパウダーなどがある。

(1) 乳化剤の利用

乳化剤は油と水をエマルジョンにするもので、油と水が分離しない。

乳化は温度管理が大切で、油の粘性は温度によって変化し、気泡を抱き込む程度に関わる。たとえば、バターのように常温で固形の場合は、融点より少し上の温度帯で乳化する。このとき、でん粉分解物（デキストリンなど）を混合するが、温度が高いと空気を含んだソフトなクリーム状が壊れ、乾燥後ソフトなボリューム感（空気を抱き込む）が得られない。乾燥品が油脂でべとつく場合は、でん粉分解物の多孔性デキストリンまたは高度分岐環状デキストリンを乾燥品にブレンドしながら粉砕（粗粒）する。高度分岐環状デキストリンは、溶かしたバターに混合するだけで粗粒気味になるほど油の吸着が良い（第6章6「乳化剤」参照）。

(2) 肉の旨味を付加

肉の旨味や風味は脂肪によるところが大きいが、加熱処理すると脂肪が流出する。そこで、別途、脂の旨味を付与する。

たとえば、スチームまたはボイルされたミンチの塊をほぐし、鶏脂（よく加熱して風味を出す）を乳化させた乳化調味液（抗酸化剤入り）を適量まぶし撹拌する。すると、乾燥品は調味液による付着もなく、ソフトに上がる。乳化液の影響で白っぽく上がるときは、調味液にカラメルで色を付けるか、最終品温を少し上げ脂感を出す。

6 抽出物（機能性成分）

抽出物といえば、濃縮エキス（固形分20～60％）に魚介類エキス（カツオエキス、昆布エキス、ホタテエキスなど）、肉エキス（ビーフエキス、チキンエキス、ポークエキス）、野菜エキス（オニオンエキス、マッシュルームエキスなど）などがある。これら濃縮エキスはFD以外の噴霧乾燥（スプレードライ）、連続式真空乾燥（発泡・パフ）などで乾燥された品質の良い商品が多い。

その他、機能性成分を含んだ抽出物の乾燥があるが、先例のないものが多く、まずは予備テストで乾燥歩留の限界を見極める。このとき、乾燥品の取扱いの難度を考慮して、適正な歩留をつかむ必要がある。

トレー積載工程（乾燥時間の短縮）

FDは乾燥時間が長いことから、乾燥機の回転率や生産性、乾燥のエネルギーコストなどが指摘されるが、不連続な多品種の受注生産を抱える場合は、汎用性から、生産品目を特化した乾燥時間短縮はなかなか困難である。しかし、通常のトレー積載のルーチンワークのなかで、乾燥時間の短縮が多少なりとも図れる方法がある。

乾燥時間は、被乾燥物によってはトレー積載の厚さに比例する場合と二乗に比例する場合があるように、トレー積載方法は重要なポイントである。以下に積載時に工夫する点をあげる。

・基本は均一の厚みになるよう積載
・野菜など洗浄時の付着水、調理加工時のドリッ

プなど不必要な水分は遠心脱水機にかけるか絞るかで、できる限り除去

・非加熱野菜は、かさ張ってトレー積載の厚みが30㎜前後になる場合、野菜同士の隙間をなくすよう上から押さえても支障のない野菜は押さえる

・ワカメやノリのように絡んで密着するものは、遠心ほぐし機でほぐし、均一な厚みになるよう積載

・液状物は、トレー一面に積載するとペーパーパスの面が少ないので、チャック付きポリ袋にいくらか分けて流し込む（空気はできるだけ抜く）。それをそのまま凍結し、チャージする前にポリ袋の表面に×印などの切り目を入れ、昇華の抜け道を作る（刃物の破損に注意）

この方法は大型機では対応が難しいが、凍結中におけるエアブラストの表面蒸発による濃縮などの成分移動を防ぎ、表面は比較的きれいに乾燥が上がる。

・液状物や流動的なペースト物はトレー積載後、格子型の枠（ステンレス製）をはめる

・トレーの周囲を厚めに、中心付近を少し薄く積載できる被乾燥物はそのようにする

・固形状のペースト物（味噌、梅肉など）をトレーへ均一に積載した後、縦か横、または格子状にヘラなどで筋（溝）を入れる

・小イモ・ジャガイモ・ニンジンなど根菜類の輪切りなどは、重なり具合を均一にする

トレー積載後は、ポリシートを被せるのが好ましい。それは、落下細菌の付着防止、予備凍結中のエアブラストによる表面の蒸発防止、乾燥終了のブレーク時に乾燥庫内の異物（前の乾燥品の破片など）などの飛散による異物混入を防ぐためで

ある。

予備凍結工程

1 予備凍結の重要性

乾燥時、氷の結晶の痕跡（空隙）が昇華の通路となり、また、乾燥効率に影響を与える。その意味で、予備凍結の状況（結晶）把握は意義があり、目的の品質を得るためきわめて重要な工程である。

乾燥品のでき栄えは、真空度に問題がなければ、予備凍結の凍結具合（凍結率）に関連していることが多い。凍結庫内の温度はエアブラストフリーザー方式でおおよそマイナス30℃～マイナス35℃である。トロリー方式の凍結庫は専用庫で台車の入る数が決まっており、冷気は台車間を均一に流れるため、どの箇所（トレー）もほぼ均一に凍結する。しかし、トロリー方式でない凍結庫では、台車の詰め具合により台車間や台車の上下段で冷気の流れが異なり、凍結に時間差が生じる。差が大きいと、緩慢凍結になる台車も発生する。凍結時間は、凍結庫の温度によっても違うが24時間以上が多い。

2 急速凍結と緩慢凍結

凍結には、急速凍結と緩慢凍結がある。

野菜など細胞組織中の水分は、マイナス1～マイナス5℃になるとほとんどが氷になる。この温度範囲は最大氷結晶生成温度帯と呼ばれ、氷の核ができると氷が成長しやすい。

この温度帯を早く（一般的には30分以内）通過させて早く凍らせると、氷の結晶は小さく、数が多い凍結状態となる。これを急速凍結と呼ぶ。
一方、緩慢凍結では、最大氷結晶生成温度帯を30分以上かけてゆっくり凍らせる。そのため、氷の結晶は大きく数が少ない凍結状態となる。実際、味付けメンマを凍結させると、その結晶構造がよくわかり、本体が結晶により細ることもある。また、卵白もしくは全卵を凍結させると、氷の結晶の走り具合がよく見える。

3 緩慢凍結の利用

FD商品が多様化するにつれて、急速凍結では復元が困難で、緩慢凍結の方がよく復元する乾燥品も現れた。

緩慢凍結は「氷の結晶が大きく数は少ない」ことから、凍結しても組織の破壊が影響しないか、影響しても支障のない被乾燥物は、緩慢凍結を行う場合がある。例として、次のケースがある。

・お粥……急速凍結した成型品は、湯で復元すると表面が糊化して、小さい氷の結晶の痕跡（空隙）に湯が中へ入っていかない。一方、緩慢凍結により大きな空痕をもつと、表面が糊化しても中まで湯が入る（第9章6「⑵糊化するもの」参照）。お粥の乾燥に顕著に見られる現象として、急速凍結よりも緩慢凍結の方が氷結晶の空隙率が大きいためペーパーの通る抵抗が小さく、乾燥が早くスムーズに進む

・小豆……緩慢凍結の繰り返しにより表皮にひび割れを生じさせ、復元性を高める

・生鮮果物……スライス品は、ものにより急速凍

結と緩慢凍結でサクサク感が異なる

・そうめんなど（第9章6「⑴α化されたでん粉」参照）

4 自己凍結とその利用

第2章2「⑶三重点（トリプルポイント）～自己凍結」で述べたように、水は6・1hPa（4.6torr）気圧で三重点となり、激しい突沸とともに、一瞬にして0℃で凍結する。この激しい沸騰を利用して、先に述べたブルーベリーや、また、グレープフルーツは、砂嚢《さのう》の形状（膨らみ）を保持しつつ、突沸により砂嚢間に隙間を作る。これが乾燥後、付着を緩和する。このとき、乳化させたパーム油を添加するといっそう付着を緩和する。

また、豆腐は、普通の予備凍結を行い乾燥させると、「凍り豆腐」のように色がやや黄色を帯びる。湯戻しした食感は、滑らかさに欠ける。たとえば、自己凍結を行い、自己凍結の瞬間の凍結と氷の微結晶構造で白く滑らかなFD豆腐ができる。しかし、乾燥品にクラックが生じるなど課題が生じ、豆乳の濃度・凝固具合・自己凍結速度・真空度の調整などいろいろな対応をしている。

乾燥工程

チャージは、凍結した被乾燥物が解けないよう素早く行う。解けると部分的に発泡が起こり、品質に影響を与える。

チャージ後、速やかにチャンバー（乾燥庫）の蓋を閉めて真空引きを行う。1・33hPa（1.0torr）になるまでにかかる時間は15～20分以内が望ましい。

凍結しにくい果汁・果物類は、早く0・31hPa（0.24torr）以下の真空度に到達するのが望ましい。このときの飽和蒸気圧の温度はマイナス35℃である。

このとき、目的とする真空度の到達まで、被乾燥物により表面に小さい泡立ちが多少発生する。真空度が良くなるにつれて落ち着くが、表面の品質はあまり良くない場合がある。

1 棚温度と品温

(1) 棚温度の上げ方

棚温度は、徐々に上げる場合と一気に上げる場合があるが、一般的には一気に上げる場合が多い。初期の1次乾燥期は、伝導熱や輻射熱《ふくしゃねつ》の効率が良く、昇華の促進ができ、乾燥時間の短縮が見込めるからである。

① 野菜

野菜などは前処理で余分な水気が付着していることが多く、また、野菜自体に自由水が多く昇華しやすい。トレー積載の際、野菜の間に隙間があり、熱の伝わりが悪いので棚温度を一気に上げる。

② **肉類（鶏肉、豚肉、牛肉）**

肉類も棚温度を一気に上げる。肉類は組織がしっかりして乾燥構造の骨子もあり、また、組織が粗くベーパーパスも確保されているため、昇華がスムーズに進む。さらに、野菜より乾燥歩留が高い（固形分含量が高い）ので、早く乾燥する。

③ **果汁、果物類**

徐々に棚温度を上げていく方が望ましい。糖分があるため凍結の結晶状態が微妙で、また、乾燥中、乾燥構造を形成・保持する骨子が熱に弱く、ベーパーパスが潰れる可能性があるためである。むろん、いっそう高い真空度（低い気圧）がベストである。

④ **抽出物（機能性成分を含む）**

主成分がわかっていても、乾燥してみないとわからないところが多く、乾燥ではリスク回避に棚温度を徐々に上げ、品温を低く設定するなど慎重な乾燥がベスト。概して、乾燥しにくい液状物は徐々に上げる方が良い。

(2) 品温

① **最高品温と最終品温**

品温の制御は、棚温度の設定に関わる。棚温度は、研究用の40℃ほどから大型生産用120℃まででいろいろとある。棚冷却は大型生産用で、冷却水温プラス10℃などさまざまである。

品温は、図表5―1のように、棚温度に応じて徐々に上がっていき、表面温度、底面温度、それより遅れて中心温度が上がる。最終的には棚温度（最終品温）と一致し、一応乾燥の終了となる。

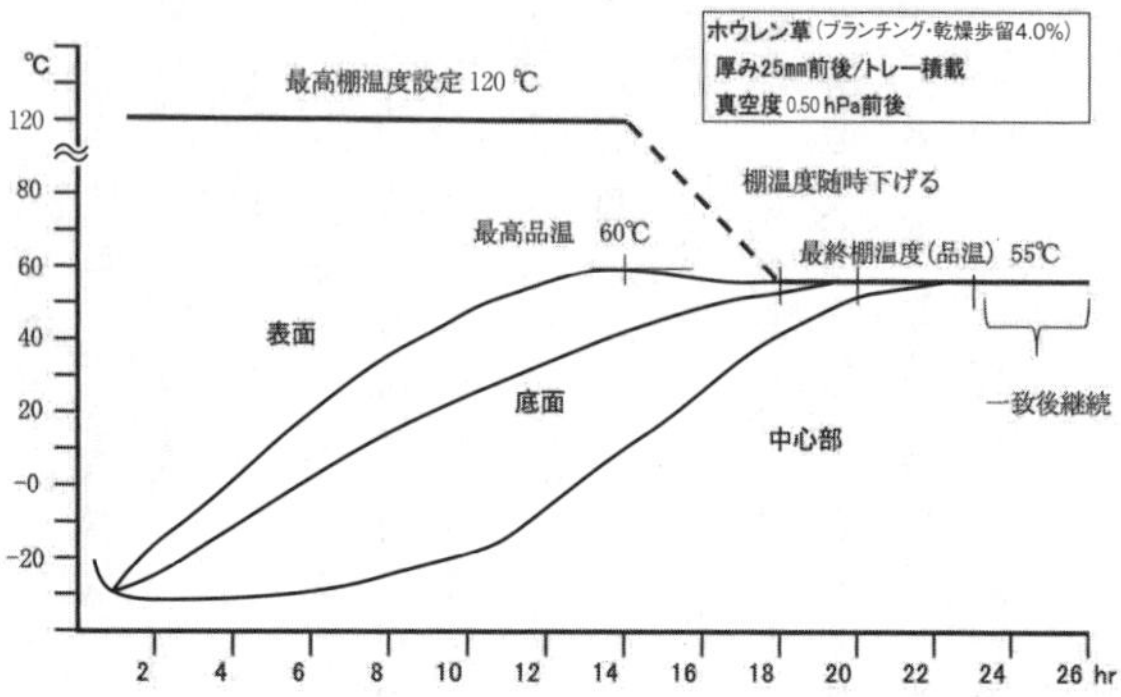

*品温上昇パターンは被乾燥物、乾燥歩留、トレー積載量、積載状態、棚温度、真空度などで異なる。

図表５－１　乾燥チャート（モデル化）

最終品温とは別に、乾燥時間の短縮に最高品温を設定することがあり、目的の品質に影響を与えない範囲で最高温度と時間を設定する。しかし、研究用や小型生産機では、作業上、最高品温の設定は行わず昼夜、棚温度を最終品温に設定して、表面・底面・中心部の品温が棚温度と一致するまでそのまま継続することがある。

品温の下限は、乾燥機設置の周辺環境の温度などを考慮すると40～45℃くらいで、上限はおおむね55～60℃である。もちろん、耐熱性があり品質に悪影響を与えない限り、乾燥時間短縮のため、これ以上の品温を短時間かけることもある。でん粉系のスイートコーン・小イモ・ジャガイモ・豆類・米飯（お粥など）は、熱に比較的強い。葉物野菜も総じて熱に強いが、冬ネギの白色部の中心は弱い。

②品温に注意を要する素材

品温が低い方が望ましいものとして、以下のものがある。

・乳酸菌、ローヤルゼリーなど
・柑橘系の果物……褐変しやすい
・果汁・果物類……品温が高いと熱で柔軟性を帯びるが、冷えると硬くなる。このことから、品温はあまり上げない方が乾燥の終了を見極めやすい

品温が高いとさらに良くないものとして、次のものがある。

・醤油・味噌・酢のような醸造の風味を特徴とするもの、とくに、醤油や味噌は高温に弱く、焦げ臭がするか風味が消失する
・大根おろし・ショウガ・ミツバ・セロリなどの香辛野菜
・山イモ……品種により高温を持続すると粘性が落ちることがある
・調理済食品……うま味成分が消滅気味になり、塩分味が勝ってくる
・乳化した油脂乾燥品……とくに、パーム油を除く植物油を使用している乾燥品などは、油がにじみ出てくることがある
・肉類など脂の多いもの……品温が高いとタンパク変性を起こし、復元性が落ちることがある。また、鶏脂は融点が比較的低いため、鶏脂を多く含む鶏肉は真空（減圧）フライ気味[※1]になり、カリカリした食感になる

ウナギも同様、脂肪含量が約20％（乾燥品中は40％）あり、しかも多価不飽和脂肪酸が豊富で融点が低いため、乾燥の後半で真空フライ気味になる。そのため、「ウナギの蒲焼」の乾燥品は復元

しにくい。

※1　真空（減圧）フライとは、真空釜の中で減圧して水分の沸点を下げ、低温で材料をフライする方法で、フルーツや野菜チップの乾燥によく用いられる。温度は、釜の中の真空度によって決まる（第6章9「色素」参照）。

2 乾燥からブレーク

(1) 乾燥時間の条件

乾燥時間は次の条件により決まる。

・トレーの積載量
・厚み
・乾燥歩留……（固形分含量が）高いと乾燥時間が短く、低いと乾燥時間が長い
・最高品温、最終品温の設定
・被乾燥物の結合水の多少（果汁・果物など）
・成分

成分について、同じ固形分含量でも成分が違うと乾燥の難易度が変わることがある。たとえば、味噌（固形分含量60～55%）は本来固形分含量が高いので乾燥時間は短い。しかし、津軽三年味噌（塩分が高い）など長期熟成味噌は、長期のメイラード反応によりアミノ酸含量（うま味やコク）が高くなり、乾燥時間を長くしても乾燥しにくい。醤油も同様に醸造の長さで成分が異なり、エキス分や全窒素量の多い濃口醤油は乾燥しにくい部類である。乾燥品は非常に吸湿性がある（第6章5「(1) 寒天」参照）。

(2) 乾燥終了の目安

乾燥を終了する際、表面温度・中心部温度・底面温度の品温が一致してからも、3時間以上は乾燥

を継続する方が安全である（とくに乾燥しにくいもの）。それは、トレーの積載工程で厚みの不均一の可能性やサーモカップの挿し具合があるからである。

(3) ブレーク（常圧に戻すこと）

チャンバーの蓋を開けるときは、外気を入れ大気圧に戻す。戻し方は、乾燥庫内の粉塵などが気流によって飛散しないようゆっくりと行う。ブレークは、「外気」「窒素ガス（不活性ガス）」「外気と窒素ガスの併用」がある。

窒素ガスブレークの対象品目は、主に肉類・油脂成分を含む乾燥品で、外気をそのままブレークすると、外気の空気が多孔質中の油脂を直撃する。このほか、吸湿性のある乾燥品に応じて、また、湿度の高い日は窒素ブレークを行う。

包装工程

包装工程は保存中の変質の要因に対処する最後の工程である。包装工程は大きく分けて、取り出し→乾燥品の処理作業→検査→梱包→製品保管、の流れがある。

包装室の作業環境で大事なことは、湿度の管理である。製品や作業員の出入りもあり、湿度と温度は頻繁に記録する。

包装室環境としては湿度がおおよそRH30～35％で、梅雨でも40％以下が望ましい。温度は、近年の温暖化もありおおよそ20～25℃である。

1　乾燥品の取り出し

乾燥機設置周辺の作業環境は外気の影響を受ける前提で、乾燥庫からトレーが挿入された台車を素早く引き出し、包装作業室へ移動させて乾燥品の取り出し作業に入る。この作業では、未乾燥部分を比較的発見しやすい。

段取り上、取り出し作業に入れない場合は、一次的に除湿室(約RH20%)へ保管する。この場合、未乾燥部分があれば、氷が融けて周辺部に移行し、選別除去する範囲が広がる。未乾燥の除去範囲が広いようであれば再乾燥を行うが、IPD（イン・パッケージ・ドライ）といって、乾燥剤を乾燥品重量の5～10%量を投入して密封し、水分を除去することがある。

2　処理作業

(1)　異物選別

原料検査や製造工程中の異物混入情報に基づいて、異物除去装置を組み合わせる。発見された異物は状況を詳細に記録し、部門間で現物を共有する。選別機による選別方法は、第8章2「(4)異物選別方法」参照。

(2)　粉砕

①　粉砕機の種類

粉砕の前に、粗砕機で粗砕する。粉砕機は大きく分けてナイフタイプとハンマータイプの高速回転式がある。

ナイフタイプは、衝撃力とせん断力（切断）により粉砕する。適用範囲は広く、とくに、油脂成分を含む乾燥品の粉砕で油のべとつきの発生が少なく適している。油脂含量の多少により、ナイフの回転数を制御して油のべとつきを抑えるが、粒度は制限される。

ハンマータイプは、ハンマーで対象物を叩き割るような方式である。このタイプは硬い乾燥品に適している。

いずれのタイプも粉体が通過するスクリーンがあり、スクリーンの目の大きさにより粒度を調整する。粉砕作業は乾燥品が低水分なので、非常に粉塵が飛散する。そのため、吸引装置を付けて作業するか、独立した部屋で行うのが望ましい。

また、細かく粉砕するほど熱を帯びやすく、糖分の高い乾燥品はその瞬間からケーキングする場合がある。

凍結乾燥の特徴の一つは、油脂成分を含む被乾燥物も乾燥できることである。しかし、油脂含量により、粗粒程度にしか粉砕ができない。

② 凍結粉砕

凍結粉砕は細かく粉砕する方法である。超低温である液化窒素のマイナス196℃を利用して超硬化させ、その脆弱性を利用して粉砕する。

鶏肉(脂の融点が低い)と野菜の混合煮の乾燥品を凍結粉砕すると、香り立ちが良く、口溶けの良いパウダーができる。しかし、肉と野菜個々の味が単一になる。単一の素材(味付けした肉類)で凍結粉砕を行えば、口溶けの良い滑らかな調理感のある新しいタイプの肉パウダーができると思われる。水分が低いため、カビが生えることはない。

前述のように、多孔性デキストリンや高度分岐環状デキストリンを混合するとかさは増すが、流動性が出る。

(3) 篩通し

電動篩《ふるい》機で篩の目の大きさに応じて塊などを潰しながら、粒度を揃える。篩通しで、紙・ナイロン・毛髪などの異物も選別できる。

(4) ブレンド方法

ブレンドはV型混合機などがある。各混合品が粒子の揃った粉末同士である場合は比較的容易であるが、油脂を含むパウダーのブレンドは、たとえば次のようにブレンドする。

・ボリュームが同じ物同士混合
・少ない方に多い方を少しずつ加え混合
・油脂を含む混合品はダマを作りやすいので篩通しを行い、ダマを潰す
・シーズニングオイルやフレバーオイルを添加する場合、油の吸い込み・なじみやすい混合物とあらかじめ混合

油脂を含むブレンド品は、移動中の分級が起こりにくい利点がある。食塩は、量にもよるが比較的オイルとなじみやすい。

3 製品検査、梱包・保管

(1) 製品検査

全体を見て、目視による色調の検査を行う。粉砕されたものについては、粒度、粒度分布、かさ比重を検査する。

各種検査・分析や官能検査は別途品質管理部門などが行う。第8章4「(1) 製品検査」参照。

(2) 梱包

梱包資材は、たとえば18ℓダンボールでシングルかダブル、ポリエチレン袋の厚み30～60μmの二重か一重か、製品のかさ比重、吸湿性により包装材料が異なる。もちろん、ガスバリア性の高いアルミ袋が主となりつつある。また、真空パックすることもある。特殊な梱包として長期備蓄食の場合、窒素ガス置換充填、または脱酸素剤入り丸缶詰めもある。

梱包量は、ケーキングを起こす乾燥品はやや少なめが良い。油脂含量の高い乾燥品は自重で油がにじみ出ることがある。

石灰乾燥剤の封入は、使用後の処分の手間から、相手方の希望に応じて対応する。包装形態は今般、産業廃棄物の削減から簡素化の方向にあるが、FD製品は低水分のため、包装資材の選択は重要な事柄である。

(3) 製品の保管

製品の保管は、高温多湿を避け冷暗所保管が原則である。

保管時の温度が5℃上がると、植物油と肉類の脂肪とでは酸化の進み具合は異なるが1.2～1.5倍近く早まる。果汁パウダーでは、純度が高いと熱によりケーキングを起こす。いったんケーキングすると強固な塊となり、さらに吸湿すると液化する。

出荷するときは、ダンボールなどの汚れやホコリなどが付着していないか確認する。第7章1「(4)軽量・保存性」参照。

4　製造工程中の歩留関係

ホウレン草パウダーの製造フローチャート（モデル）と歩留の指標を図表5―2に示す。

①根カット後の歩留

入荷した原料（生鮮物）から予定通り、可食部分重量が確保できたか確認する。不良品が入荷した場合、廃棄する部分が増えるばかりか手間も増えて、最終的には乾燥後の収量が減り、コスト高となる。

②ホウレン草からの調理歩留

乾燥庫に投入する予定量（積載kg／トレー×トレー枚数）の過不足がわかる。根などの廃棄ロスが多かったり脱水し過ぎたりすると不足し、廃棄ロスが少なく脱水不足であれば余る。

③乾燥歩留

この指標は乾燥時間の設定に必要で、乾燥庫に投入した量から乾燥上がり重量を把握する。図表5―2の場合、ホウレン草の水切り（脱水）加減が影響する。

④粉砕歩留・包装歩留

粒子の不揃いによるロスの発生や、原料の適・不適（繊維質の多い原料）、また規格の設定の適・不適による。この段階での粉砕歩留はコストに響く。

包装歩留では、製品が軽いため計量器の計り込みロスが発生しやすい。

⑤主原料・ホウレン草からの最終歩留

原料手配の数量に対して、受注量通りの製品ができたかどうかの指標となる。

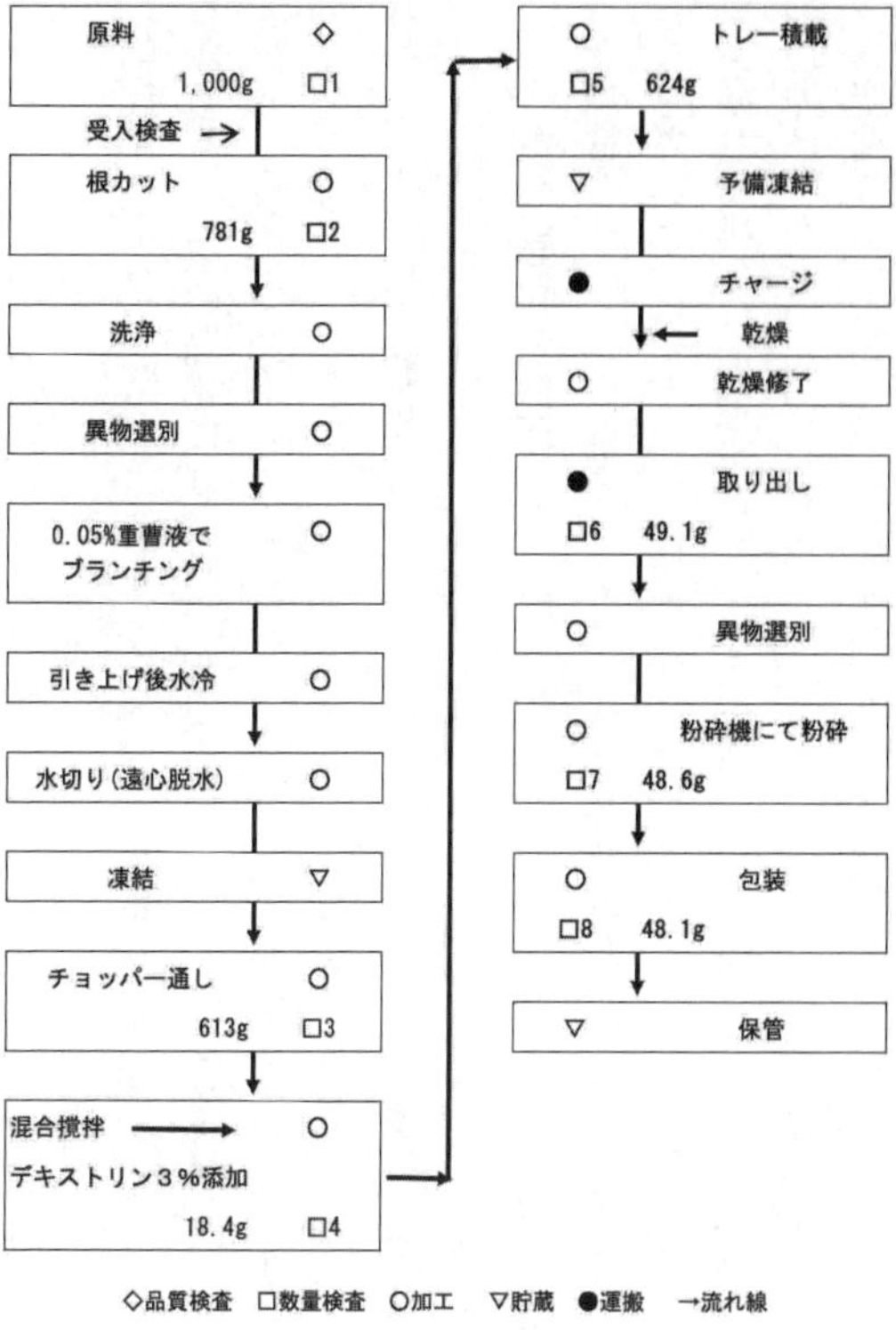

（日本工業規格工程図記号に準じる）

ホウレン草の歩留の指標	×100	
根カット後の歩留	□2の781g/□1の1,000g	78.1%
ホウレン草からの調理歩留	□5の624g/□1の1,000g	62.4%
乾燥歩留	□6の49.1g/□5の624g	7.9%
粉砕歩留	□7の48.6g/□6の49.1g	99.0%
包装歩留	□8の48.1g/□7の48.6g	99.0%
ホウレン草(原料)よりの最終歩留	□8の48.1g/□1の1,0000g	4.8%

図表5－2　ホウレン草パウダーの製造工程での歩留（モデル）

乾燥中のトラブル

乾燥中のトラブルとして、真空の悪化や停電などがある。真空の悪化にはいくつかの原因があり、メルトを引き起こすことがある。

1 真空悪化

(1) 真空悪化の原因

乾燥機を運転していると、うまく高真空度状態にならないことがある。真空悪化の原因として、真空漏れや排気量の低下、コールドトラップの凝縮能力低下などがあげられる。

真空漏れについては、乾燥庫の密閉不良にともなうもので、耐用年数の長い乾燥機に見られることがある。

排気量低下の原因は、油回転真空ポンプにおけるオイルの劣化による。オイルに水が混入すると白濁して悪くなる。劣化したオイルは取り替える必要がある。劣化したオイルは、オイルセパレーターにより重量差で水と分離させると、再使用できることがある。

また、コールドトラップの冷却管に氷が付着し過ぎると凝結能力が落ちる。このときは、デフロストを行う必要がある。

このように真空の悪化が生じたときは、棚温度を下げ昇華量を落とす。乾燥時間は伸びるが方策があまりなく、途中で乾燥を中止できないのが凍結乾燥の不都合な点である。

(2) メルト現象

メルト（融解・崩壊）とは、凍結乾燥の原理・原則である「凍結」状態が解けることである。凍結乾燥では時折見られる現象で、解けると真空乾燥となる。可溶性成分の移動などにより、①色が濃くなる②硬くなる③復元が困難になる④形状が歪む、などの外見が明確に現れる。

原因は、昇華面の飽和蒸気圧が高くなる（真空が悪くなる）ことであり、それに応じて温度も高くなる。やがて、被乾燥物の凍結が解け始める温度（コラプス温度）以上になり、結晶が解け始める。

写真5－1は乾燥歩留27％、魚肉ペースト100、シクロデキストリン15、水16の配合割合というごく普通の魚肉ペーストで見られたメルトである。

これほどの鮮明なメルトは珍しいが、メルトが

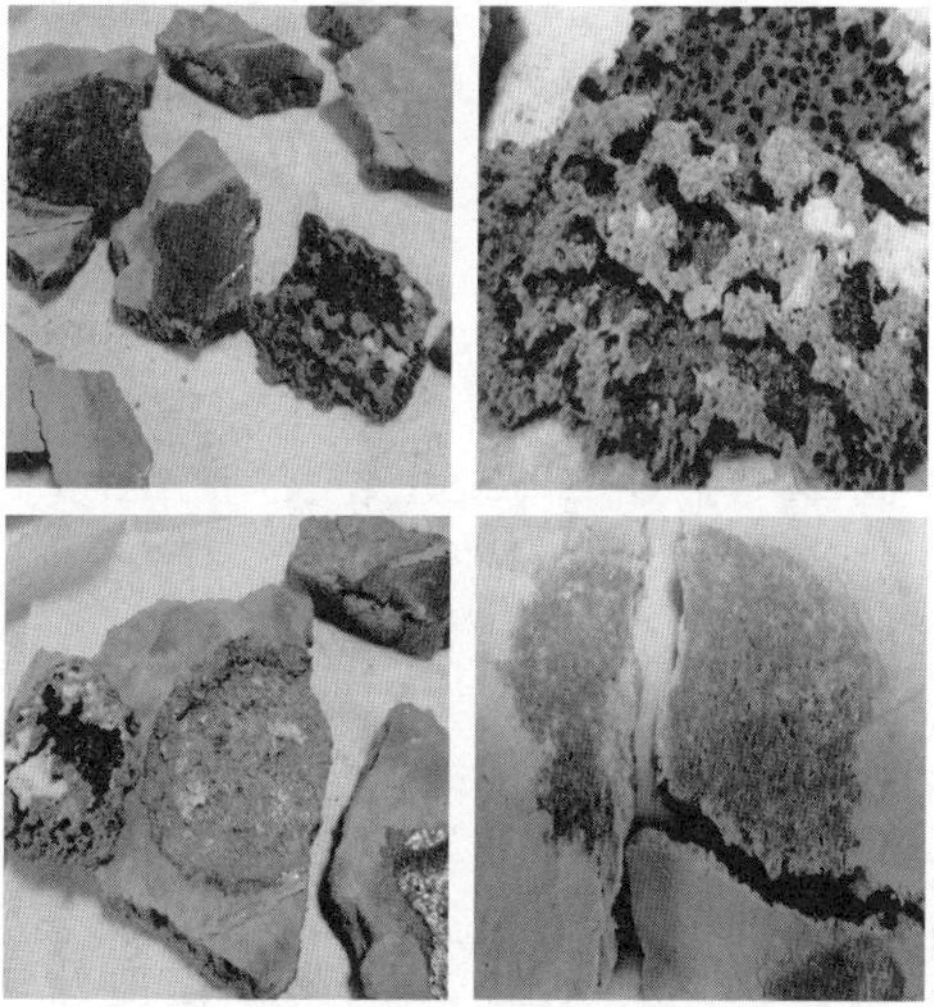

イワシペースト

写真5－1 隠れたメルト現象

内部に起こると、外見上はわからないことが多い。乾燥庫内が通常通り高い真空度を示しているにもかかわらず乾燥終了後、乾燥品を割ってみると、中が爆発してしまっている。

この原因として、次のように考えられる。乾燥が進むにつれて昇華面が下がり、蒸気が既存のベーパーパスから抜ける。今回、ペースト中のシクロデキストリン含量が高く、凍りにくいことからかなりの急速凍結を行い、微結晶となった。そのためにベーパーパスが細くなり、蒸気通過抵抗と昇華量とのバランスが崩れて次第に昇華しきれなくなってしまった。車でいうところの渋滞である。にもかかわらず昇華が盛んに続いたことから、ついに停滞、すなわち、真空度の悪化によるメルトが発生（元来メルトしやすい）。これにより発泡が起こり、ベーパーパスは塞がれた。その結果、空洞（パフ）のある真空乾燥になったということだ（第4章予備凍結3「緩慢凍結の利用」参照）。

このとき、シクロデキストリンの量が多く乾燥歩留が30％と高いことから、かなりの急速凍結を行っていた。これにより、微結晶になったベーパーパスの蒸気通過抵抗と昇華量とのバランスが崩れてしまった。また、糖含量が高いので、メルトしやすいということもあった。

ペースト物では、これ以外の要因でも小規模の部分的なメルトが起こることがある。可能性があるようであれば棚温度を下げ、昇華量を抑える。

(3) メルトによる復元性の悪化

成型食品は、瞬時復元が前提の商品で、味噌汁やスープなどがある。これらは、一定の個別容積をもったポリプロピレン（PP）製トレーに一食分相当の調味液・具材を充填して乾燥を行い、製造される。

成型品は、一トレー当たりの個数を多く確保したい事情から、個別容器のサイズ（充填容量）をできるだけ小さくする。その分、調味液の濃度が高くなる。

とくに、味噌液については塩分濃度が高く、中には凍結乾燥がぎりぎり可能な濃度のため、少しの変化でメルトが起こりやすい。それは、ややもするとマイナス30～マイナス35℃の凍結庫では、ぎりぎりの凍結状態（凍結率）だからである。

起こりやすい場所は、表面や底部・コーナー部分で、品質として色が濃い・硬い（包材のピンポールの原因）・復元時の味噌の溶けが悪いなどの現象が現れる。

① 表面が溶けにくい

具材と味噌液をトレーに充填し、自然放冷後、エアブラストフリーザーで凍結するが、凍結庫内冷気の不均一な流れにより完全凍結までに表面水分が蒸発してしまう。また、可溶性成分が表面に移動し、表面の濃縮（とくに味噌液が全面、表面に露出している場合）が発生し、凍結が不十分になりやすい。あるいは、凍結されてもチャージして、目的の真空度に到達するまでに緩みやすい（メルト）。

表面濃縮が起こると表面硬化（ケースハードニング）を起こし、復元が困難になる。

解決策として、トレーの上にポリシートを被せて（密着）、表面の濃縮を防ぐのも一案である。

② 底面やコーナー部分が溶けにくい

凍結が完了するまでに不溶性物質が沈殿した

り、凍結膨張によるトレーへの密着でペーパーが通りにくくなったりする。これらが絡み合うと、底面やコーナー付近の昇華量とペーパーパスとのアンバランスが起こって局部的に真空が悪化し、メルトが発生すると考えられる。

対応として、急速凍結後、融解させない温度で緩慢凍結に移動する。氷の結晶の成長を促すことで、ペーパーパスを確保する方法である。しかし、冷凍庫の収容量や移動のタイミングなど、運用上かなりの準備を要す。味噌液は、不溶性物質が時間の経過とともに分離して底に沈殿しないよう、でん粉ないしは増粘剤などを使用することがある（第6章4「増粘剤」参照）。

ちなみに、味噌液を100～200㎛の石臼式摩砕機[※2]にかけると、増粘剤なしで濃度分布が均一で空気も抱き込んでおり（ペーパーパスの確保）、乾燥がスムーズに進み、復元が良好である。液状物の水は通さないが、水蒸気は通す材質のトレーがほしいものである。

※2　円盤の無気孔砥石で上下2枚の間隔が自由に調整できる。高速回転により固いものをすり潰したり、ペースト状にしたりする。

(4) 真空調整（故意の真空悪化）

凍結乾燥は高真空度が原則だが、あえて真空を1・33hPa（1.0torr）～4・00hPa（3.0torr）に調整して乾燥するものもある。

フルーツの粗粒など復元性よりもカリカリ感による存在感が求められる場合、あえて真空度を低く（気圧を上げる）して乾燥し、硬めに仕上げることがある。これらのチップ状・粗粒は発色も良く、壊れにくいので粉などの発生も少ない。

その他、豆腐の乾燥の際に、クラックを防ぐため真空調整を行うことがある。また、メンマの食感を出すため、ほぼ真空乾燥に近い真空度で乾燥を行い、あえて収縮させる。

2　停　電

乾燥中のトラブルにおいて最たるものは、停電である。あらかじめ雷などが予測されるときは、棚温を落として瞬間的な停電へ備える必要がある。

停電が起こるとすぐに自家発電に切り替えられるが、発生時期が初期・中期・後期で品質に与える影響が異なる。現在の乾燥機は、停電など急激な真空バックを防ぐ構造になっている。それでも時間差で多少真空バックが起こる。早い復帰があれば影響が少ないものの、乾燥初期で停電すると打撃を受ける。

凍結乾燥は初期に急激に電力を消費するため、自家発電でも、大型の発電機や複数の発電機が必要となる。まずは、棚温度を下げ、自家発電で対処する。しかし、突然の電気系統のトラブルなどの場合は備えられず、長時間復旧できない場合、品質的にダメージを受ける。

第6章

フリーズドライの補助材料

ＦＤは、素材がもつ特性や調理感を保持しつつ乾燥することができる方法である。安全・安心なＦＤ品を確保するため、また、商品作りに補助材料を使用することがある。

1 糖

(1) 使用する主な糖

補助材料として使われる主な糖を図表6―1に示した。

① 糖アルコール

糖アルコールには、食品添加物ソルビトールのほか、糖アルコールの一種「還元水飴」などがある。

還元水飴は、糖化度により高糖化還元水飴・中糖化還元水飴・低糖化還元水飴がある。

高糖化還元水飴は、ソルビトール（甘味は砂糖の約60%）のように甘く、分子量が小さいため、浸透性や保水性があり、水分活性を下げる（第7章3「(1) ウエット品」参照）。一方、低糖化還元水飴（甘味は砂糖の10～30%）は甘さ控えめで、分子量が大きいため保水性はなく（吸湿性がない）、被膜形成をする。

② その他の糖

その他のでん粉分解物として、汎用性が高いデキストリン（DE[※1]が10以下）のほかに、シクロデキストリン、多孔性デキストリン、高度分岐環状デキストリンと特性をもったものがある。

シクロデキストリンの構造は、よく説明でカップにたとえられるように、ブドウ糖がドーナツの

図表6－1　使用する糖の目的

対象物	使用目的	使用する主な糖
〈野菜類〉 ・各種野菜 ・野菜ペースト	①壊れ防止 ②吸湿防止	①＊還元水飴（低糖化還元水飴） ②乳糖　（使用は①と②併用も可能） ③デキストリンなど
〈果物類〉 ・果汁 ・生鮮果物 ・缶詰の果肉原料 ・冷凍果肉原料	①乾燥を促進 ②張り付き防止 ③壊れ防止 ④吸湿防止 ⑤ケーキング防止	①無水結晶ブドウ糖 ②乳糖 ③デキストリン、高度分岐環状デキストリンなど
〈肉類〉 （鶏肉、豚肉、牛肉） 〈魚介類〉	①壊れ防止 ②吸湿防止 ③酸化防止 ④歩留アップ	①還元水飴（低糖化還元水飴） ②デキストリンなど ③乳糖
〈油脂類〉	①油脂の分散性	シクロデキストリン
	②パウダー化	デキストリンなど
	③油脂の吸着	多孔性デキストリン、高度分岐環状デキストリン
	目的別	
〈褐変防止〉	メイラード反応	還元糖の代わりに糖アルコールを使用 ①食品添加物ソルビトール ②還元水飴（高糖化還元水飴）
〈苦み、辛みの緩和〉 〈不溶性物質の分散〉	包摂する	シクロデキストリン

＊還元水飴（還元でん粉糖化物、還元でん粉加水分解物、還元オリゴ糖）

ように環状に結合し（環状オリゴ糖）、内部が疎水性、外部が親水性を示す。そして、内側の空洞にほかの分子を取り込む包接という能力をもち、都合が良い。練りワサビなど食品によく利用されている。

一方、多孔性デキストリンは比重が小さく、非常にかさがあり油の吸い込みやなじみが良い。

高度分岐環状デキストリンは、コーンスターチに酵素を作用させて製造される。甘みがなく、油の吸着が非常に良いのが特徴である。多孔性デキストリンと同様、混合しながら粉砕（粗粒）すると油のべとつきを抑えることができる。

※1　DE（dextrose equivalent）は、でん粉の加水分解程度を表す指標。「0」に近いほどでん粉に近い特性、100に近づくほどブドウ糖に似た特性となる。

(2) 素材別糖の使用場面

いずれの糖使用も乾燥品収量が数10%ほどアップすることがあり、コストダウンにもつながる。

① 野菜類

野菜や豆類などのFD品は壊れやすいため、崩れ防止に糖処理を行う。甘い糖は保湿性があり、吸湿性が高いので使用を避け、甘くない乳糖か、もしくは被膜効果のある甘くない還元水飴（低糖化還元水飴）などを単独あるいは併用使用する。

とくに、葉菜類は吸湿性がある。乳糖単独で使用すると乾燥品が白く上がるが、還元水飴と併用すると抑えられる。

糖処理は、濃度10～15%の溶液でブランチングする。このとき、乾燥後、張り付くことがないように注意する。

スチームブランチングしたもの（根菜類、キノコ類、豆類、スイートコーンなど）も同様の糖溶液に浸漬する（糖液でブランチングもあり）。

② 果物類

果物には生鮮果物（果肉ペーストも含む）・缶詰の果肉原料・冷凍原料などいろいろな形態がある。共通していることは、糖の含量が高く乾燥品に吸湿性があることである。スライス品など乾燥後、張り付く場合は10%以上の乳糖などの液に浸漬処理する（乾燥品は白くなる）。

製品がパウダーの場合、吸湿・ケーキング防止に前処理で乳糖や高度分岐環状デキストリンなど

復元前

復元後（一部）

写真6－1　素麺カボチャ（試作品）

を混合する。また、梅肉ペーストを硬い粗粒にするのに、アルファー化でん粉を使用することがある。

③ 肉類

肉類（鶏肉、豚肉、牛肉）は、10～20％の甘くない還元水飴などを含む調味液でボイルもしくは浸漬処理を行う。

④ 魚介類

魚介類（鮭、鯛、貝柱、イカ、タコなど）も肉類に準じた糖を使用する。写真6―2のアサリのＦＤ品は、ＦＤの特徴をよく現している。ハマグリも貝殻が開く。

⑤ 油脂製品

前述のように、油脂製品はパウダー化するにあたり、油のべとつきが問題となる。多孔性デキストリン、高度分枝デキストリンの油の吸着性を利

復元前（貝殻は閉じている）

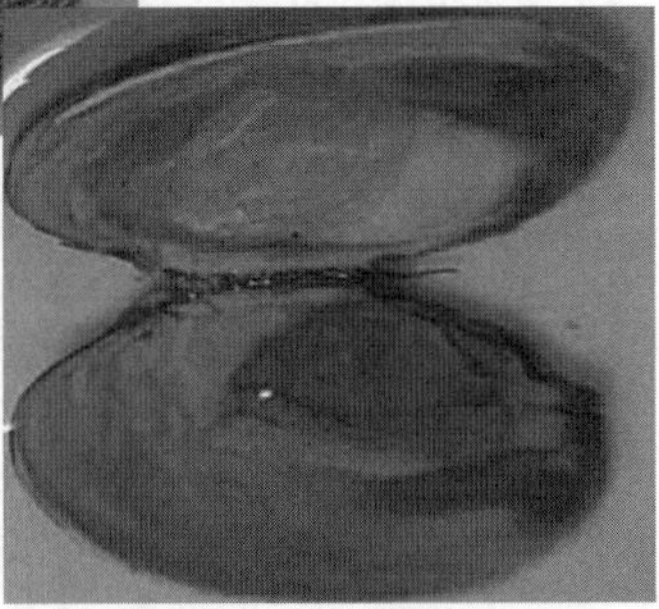

復元後（湯をかけると貝殻が開く）

写真6－2　アサリのFD品（試作品）

用して粉砕を行うが、乳化の際にデキストリンなどを混合することもある。

(3) 糖のその他の役割

① 変色・褐変防止

褐変の一つにメイラード反応（還元糖とアミノ酸反応）による褐変物質メラノイジンの生成によるものがある。それを防ぐため、還元糖の代わりに糖アルコールを使用する。糖アルコールは安定性があり、加熱による褐変反応や、アミノ酸、タンパク質とのメイラード反応を起こさない。甘みが不足する場合は、天然甘味料「ステビア」などで補強する。

② 苦みや不快臭の緩和、不溶性物質の分散化

苦みや不快臭の緩和や不溶性物質の分散化（溶解性）・不溶化には、シクロデキストリンを使用

する。シクロデキストリンは、包摂したい物質とぶつけ合うようによく混合撹拌する。

効果としては、レモンパウダーのレモン果皮の苦みなどの緩和や、大根おろしやショウガの辛みと芳香の保持などがある。

③ 具材への塩分移行防止

成型スープや味噌汁を喫食すると、具材の味が塩辛いことがある。濃厚スープ液・味噌液と具材が調理から凍結まで混在していることで、塩分が具材に移行してしまうのである。

塩分の移行を防ぐには、具材をあらかじめ甘くない10~20%の糖液で処理する。浸漬処理には、真空含浸（本章9「色素」参照）がある。この原理は、料理にみられるように、先に砂糖で味付けすると塩分が入っていかないのと同様である。塩は分子量が砂糖の5分の1ほどで組織に入りやすいので、分子量の大きい糖であらかじめ野菜などを処理するのである。

④ 濃厚糖液による脱水

白菜やキャベツのように野菜で厚みのある芯や茎などを、濃厚糖アルコール溶液（30~40%液）でブランチングする。すると、浸透圧の作用で脱水され、FD後の食感はいくぶん改良される。

また、コンニャクは95%以上が水分のため、糸コンニャクに濃度60~70%還元水飴を50~60%添加して一夜放置すると、約40%程度脱水される。また、コンニャクはそのまま乾燥すると、グルコマンナンの組織（繊維）だけが残り、ポーラス（多孔質）なスポンジ状（肌用パフのようなもの）になる。

2 植物性タンパク

植物性タンパクには、大豆タンパクと小麦タンパク（活性グルテン）がある。植物性タンパクは次のような目的で使用する。

・肉の成形（成型）による均一な形状の確保
・ダイス状ではカットロスが少なくなる
・復元性の調整が可能
・均一に味付けしやすい
・肉感の均一化
・ジューシーさを付与

(1) 大豆タンパク

大豆タンパクは当初、「人工肉」と称され、本物志向のなかで日陰的な存在だった。しかし、近年、健康志向とともに大豆の特性が理解され、多方面で使用されている。FD製品としても大豆タンパクは、肉の成形（成型）に欠かせないものである。大豆タンパクの形状としては粉末状・粗粒状・顆粒状・フレーク状・繊維状などがある。

① 粉末状

粉末は乳化性・保水性・結着性、ゲル化力などに優れており、惣菜や肉類の加工品や水産加工品の食感改良として広く利用されている。FD品には肉類のミンチ・ダイスに復元性の改良、ドリップの吸収、溶解した油の吸着などに使用する。

② 粗粒

粗粒状・顆粒状・フレーク状・繊維状は肉類とよくなじみ、ソフトな肉粒感でハンバーグや中華肉まんなど広く使用される。フレーク状・繊維状は均一な肉質感をもたせるために使用する。味付けは調味液で復元し、大豆タンパク臭を和らげるために玉ネギミンチを使うことが多い。

(2) その他のタンパクなど

① 小麦タンパク（グルテン）

小麦粉から分離したもので、水を加えるとグルテンの力を発揮して、強固な弾力を有する。加熱しても離水せず、結着性がある。また、油脂とのなじみも良く、肉類の結着に使用する。

粉末大豆タンパクと併用すると、復元時のグルテンによる肉様の弾力と粉末大豆タンパクの復元性を兼ね揃えた肉感のあるFD品になる。

② 乾燥卵白

起泡性、凝固、結着性があり、肉類の加工品への品質改良、水産練り製品の結着・弾力強化、保水性の向上に使用される。

③ トランスグルタミナーゼ

肉の結着剤として使用される酵素。この酵素は、タンパク質同士を張り付ける働きがあり、同じ大きさの成形肉を作るのに使用する。

3 抗酸化剤

(1) 油の酸化防止

筆者の勤務した会社が設立された1960（昭和35）年当時は、まだ「油の酸化」は「油やけ」といわれ、日常的なものだった。肉にFDの価値をもたせるには、「油やけ」防止が大きな課題であった。FD肉商品化に当たり「油の傷みは足が速い（動物）ほど早い」といわれていたため、鶏肉は避けて牛肉の「ミートミンチ（肉そぼろ）」から開発をスタートした。

当時、酸化防止剤はＢＨＡやＢＨＴなど合成品が普通だったが、ＦＤ製法の価値を高めるには天然物が必要であった。やがて、天然のビタミンＥを入手したが、油溶性のため肉類には使いにくかった。後に、水溶性ビタミンＥの粉末（乳化品）ができ、飛躍的に使用度が高まった。まさに、ビタミンＥあっての抗酸化対策であるが、効果の確信を得るには、添加量、添加のタイミング、耐熱性、品質保証期間の設定など数多くの試作品の追跡調査を必要とした。

その他、窒素ガスブレーク、多孔質構造の改善、醤油味付け（アミノ酸の関与）などを講じつつ、その後の抗酸化剤として天然物由来のローズマリー抽出物・茶抽出物などの使用やそれらの相乗効果に加えて、飼料の進歩により肉の脂肪自体が安定するなど、現在では総合的な対応により肉類の品質は安定している。

また、醤油で味付けしたＦＤ肉は、メイラード反応を起こすと酸化が落ち着くことがよく観察された。現在では、メイラード反応でできるメラノイジンに抗酸化作用があることが知られているが、保存中に褐変を起こすのは品質の劣化であり、この現象は利用できるものではない。

(2) 抗酸化剤の処方

トコフェロールをはじめとするビタミンＥは自然界に広く分布し、ひまわり油や綿実油などの油脂類・小麦胚芽・大豆・トウモロコシ・ゴマなどの種子に多く含まれている。ビタミンＥは、フリーラジカル（活性酸素）を消失させ、自らがビタミンＥラジカルとなることで脂質の連鎖的酸化を阻止するなどの働きがある。

ビタミンEは水溶性と油溶性があり、それぞれ有効成分含量が異なる。またトコフェロールにはα、β、γ、δがあり、それぞれ持続性や熱安定性などが異なる。

参考として、およそ水溶性ビタミンE粉末10に対してローズマリー抽出物1～2の割合が良いようであるが、有効成分の含量によって異なる。

4 増粘剤（とろみ）

増粘剤はとろみをつけるために添加される。とろみの利用は、たとえば、肉と野菜の混合煮という調理済み食品の大きな凍結ブロック（60×30×8cm）を作るのに、具材と煮汁が均一に混ざり合うよう馬鈴薯でん粉を使用していた。これにより、凍結するまでの味の分離や移動がなく、さらに、不溶性物質の沈殿もなく、乾燥後、均一な復元性をもつ（第7章1「(5) 乾燥可能な大きさ」参照）。

その他、ペースト物など不溶性物質が混在している場合、時間の経過とともに分離しないように増粘剤を加える。また、即席スープなどは復元時にとろみを出すのに加工でん粉を使用することがある。

(1) グァーガム

主成分はガラクトマンナン。グァーガムは水溶性で、濃度が上がれば、ガム質の中ではもっとも粘性が高い。しかし、高塩類やアミノ酸の多いのに対しては粘性が出にくい。

(2) キサンタンガム

天然高分子多糖類。高塩類やアミノ酸の多いものでも比較的粘性が出ることから、鶏肉・豚肉・牛肉のエキスや魚介エキスなどの味付けされた調味液に、粘性を付けるのに適している。比較的広範囲に使用できる。

(3) ローカストビーンガム

主成分はガラクトマンナン。冷水で膨潤し、加熱により完全溶解し、粘稠《ねんちゅう》な水溶液となる。キサンタンガムと併用すると、さらに粘性が高まる。粘剤は水溶きするとき、ダマができやすい。ほかの賦形剤とあらかじめ混合するか、粘剤に小量の食品添加物・食用エタノール製剤を加えて分散させ、添加（加温によりアルコール成分を除去）する方法もある。

5 ゲル化剤

ゲル化剤は、果肉ペーストや野菜ペーストなどを固め、ミンチ状にするかサイコロ状にカットしてFD品を得る場合に用いる。

(1) 寒天

寒天は、もっともポピュラーな食物繊維のゲル化剤である。寒天は溶解に時間を要するため、十分膨潤させた後、沸騰させながら十分溶解させる必要がある。

寒天は、高塩分の液状物でも固めることから、たとえば粉末醤油を作る際に利用する。醤油の固め方は、濃厚な寒天液を作り、それを醤油に混合する（寒天濃度0・6～0・8％）だけというきわめて簡単な方法である。醤油を固めた後、ミンチ状にして十分過ぎるほど予備凍結を行い乾燥する。初期に真空度が落ち着くまで、離水した部分が突沸し、飛散する場合がある。乾燥の棚温度をゆっくりと上げ、品温50℃で行う。醤油はアミノ酸が多いので乾燥しにくく、また、乾燥品の粉砕は吸湿が激しいため素早く対応する。吸湿への対応として、チョッパー通しのミンチへ、食塩を溶かさないように10～30％混合し、4～5日以上凍結（塩分が析出）する。乾燥中、パフ気味になり乾燥庫内を飛散する場合がある。乾燥品は白く上がるが吸湿やケーキングは抑えられ、醤油の醸造した香りがする。

(2) ゼラチン

一般的に乾燥品の保形性や保持に使用され、ゼラチンゲルの強さ（硬さ）は、ゼリー強度ブルームで表す。湯をかけると簡単に具材がばらけるが、保形性強化のために濃度を上げると、湯が冷えたときにとろみが出て違和感が生じることがある。

ゼリー強度の高い2～3％のゼラチン溶液を乾燥すると発泡スチロールのような状態になり、コンニャクと同様、氷結晶の痕跡がよくわかる。ゼラチンの乾燥品は油となじみが良く、油に溶けず油を吸着する。また、ゼラチンは簡単に可食フィルムを作ることができ（脱泡する必要あり）、そのフィルムは多少ガスバリア性がある。ゼラチンはほかのゲル化剤と合わせ、フカヒレのイミテーションもできる。

(3) ペクチン

ペクチンは主に果実などに多く含まれる食物繊維の一種で、HMペクチンとLMペクチンがある。HMペクチン（ハイメトキシルペクチン）は、ジャムを作る際に使用され、糖度55％以上かつpH3・5以下の条件下でゲル化し、熱に対して不可逆である。

一方、LMペクチン（ローメトキシルペクチン）は、酸味や糖度に関係なくカルシウム・マグネシウムなどに反応してゲル化する。FD野菜チップ、FD果肉チップまたはダイスなどを作る際に使用する。野菜・果肉ペーストをペクチンで固め、十分に固まった後にミートチョッパーに通し、希望の粗粒、またはサイコロ状にカットする。

(4) グルコマンナン

グルコマンナンは、コンニャクイモから得られる複合多糖類の食物繊維で、離水を防ぎ、ボリューム感を出すために使用する。

水溶性で非常に水を膨潤して離水を防ぐので、魚肉のすり身や畜肉のミンチをスチームした際に出てくるドリップを吸着するなどボリュームが保て、肉質はソフトな食感である。使用範囲は広い。

(5) アルギン酸ナトリウム

アルギン酸ナトリウムは昆布やワカメのぬめり成分で、水溶性の植物繊維である。「人工イクラ」の原料でも知られている。

アルギン酸ナトリウムは、塩化カルシウム（乳酸カルシウムでも可）の反応で固まる。野菜ペーストにアルギン酸ナトリウムを溶解させて増粘剤で粘性を付け、塩化カルシウム液に押し出し続けると、押し出し口（星型、ハート型など）の形に固まる。それをスライスして乾燥すれば、押し出し口の形の乾燥品ができる。

(6) カードラン

微生物によりブドウ糖から生成される発酵多糖類で、水に溶けにくい。ミキサーで高速回転（カッターミキサー）し、できた分散液を80℃以上に加熱すると、再加熱しても溶けない熱不可逆性のゲルができる。

また、冷凍耐性が高く、凍結中の水溶性成分の移動がないので乾燥を補助する。使い方は、ペースト物に分散液を混合しスチームするとソフトなポリューム感のペーストができる。乾燥後、ポーラス（多孔質）な状態になったＦＤ品を粗粒などにする。油脂との相性が良いので、油脂を取り込むことも可能である。ＦＤでは食品中のpHの影響を受けないので、梅肉などにも使用できる。

(7) ジェランガム

ジェランガムは天然高分子多糖類で、カラギーナンや寒天などのゲル化剤に比べて耐熱性が高い。1価または2価の金属塩の存在で強いゲルを形成する。

90℃以上の加温後、カルシウムイオンを添加する。冷えると透明感のあるゲル状が得られ、ダイス状にカットしても離水がほとんどなく、離水がないので張り付くことがない。

ＦＤでは、耐酸性で糖と相性が良いことから、果汁のゲルに使用する。また、ジェランガムのゲル状をミンチあるいは大きめに裏漉した粒子にして水産練り製品に混ぜ込む。水産練り製品は本来、復元が困難なのだが、ミンチの粒子痕跡による空隙を人工的に作ることで復元性を高めることができる。さらに、味付けしたゲル状の粒子を被乾燥物に混合すれば、空隙を作ると同時に味付けもできる。

6 乳化剤

乳化剤とは、油と水という混ざらないもの同士を均一に混ぜる役目をするものである。代表的な食品がマヨネーズで、卵黄（レシチン）が乳化剤の役目を果たしている。

乳化剤にはレシチン（大豆）、ショ糖脂肪酸エステル、グリセリン脂肪酸エステルなどがある。レシチンはやや臭いがあるので、使う相手によって選ぶ。また、レシチンは酸価（AV）が高いので、油脂の酸価を測定すると高い数値が出る。乳化剤には油滴が水に分散する水中油滴（O／W型）と水滴が油に分散する油中水滴（W／O型）がある。乳化剤製品はこれらのタイプが段階的に揃っており、使用するタイプを選択する。

7 酵素

酵素剤には「力価（酵素活性）」がある。力価とは、酵素反応を促進する能力を数値で表したもの（一単位〈unit：U〉またはPUN）で、酵素液の濃度は、力価により計算される。

(1) 肉類の分解

酵素は、肉類で可溶性のパウダー（分解残渣《ざんさ》あり）を得る場合に使用する。肉類は、タンパク質分解酵素（プロテアーゼ）により主成分のタンパク質が分解される。

酵素は、タンパク質を構成するペプチド結合をどのように切るかにより味も微妙に変わる。酵素分解には適正なpH領域があり、分解を促進する温度も異なるが、肉類は殺菌と加温による味出しのために50～60℃くらいで分解が進む酵素が適している。酵素によっては、あまり分解すると苦みが出ることがある。なお、分解後は酵素を失活させるため温度を上げる。

(2) 魚介類の分解

① イカの皮むき

イカの皮むきにもタンパク質分解酵素を使用する。イカは加熱すると皮が茶褐色になるので、白いイカのパウダーを得るために皮をはぐ必要がある。

皮の酵素分解は、加温しながらゆっくり撹拌すると、比較短時間で皮がはく離される。本体の身の表面が分解気味にならないように、濃度・温度・時間を調整する。

② 魚の自己分解

魚のタンパク質は、魚自身がもっている消化酵素（筋肉や内臓などにある）を利用して分解する。魚丸ごと（頭、皮、骨、内臓など）をすり潰してペースト状にした後、50～60℃で加温すると、約3～4時間で分解する。

(3) 野菜の分解

細胞壁の主成分であるセルロースをセルラーゼで分解し野菜の味を出す。力価にもよるが肉類の分解よりも時間がかかる上、高温でなければ失活しない。ＦＤにするには、その優位性を見出す必要がある（ほかの方法による優れた野菜パウダーがある）。

8 パーム油

植物性油は、肉類の脂肪と比較して総じて不飽和脂肪酸が多く、酸化が早い（ただし焙煎ゴマ油やオリーブオイルは比較的安定）。また、常温で流動性のある油は、保存中ににじみ出る可能性があり使いづらい。

精製パーム油は、アブラヤシの果実から得られる植物油で、融点は34・0～40・0℃ぐらいと夏場でも半固形である。飽和脂肪酸であるパルミチン酸を多く含んで多価不飽和脂肪酸が少なく安定しており、無味無臭に近く、いろいろな場面で使用可能である。より融点の高い「硬化パーム油」もあり、融点は41・0～44・0℃ぐらいと、さらに油のべたつきがない。

(1) 吸湿防止

ＦＤ果汁・果物の粗粒やパウダーの吸湿防止や固結防止にパーム油を均一に噴霧するか、乾燥前に添加混合する。添加量により油が分離するようであれば、乳化剤でパーム油を乳化させて混合する。パーム油添加の乾燥品は油感があっても違和感がないものに使用するなど、範囲が限定される。

(2) フライ風の商品開発

味付けされた調理済みＦＤ品（形はチップ状ま

たはダイス状)、たとえば、きんぴら味のゴボウ・かぼちゃ煮・ビーフ味の玉ネギ・肉じゃが味のジャガイモなどを加温しながら、融解させた精製パーム油(ビタミンE入り)を噴霧し、さらに加温して油がなじむようにする。すると、サクサクとした食感の「フライ感」があるノンフライベジタブル・スナック製品ができる。

野菜のフライは本来、温度の確保や油切り、油の管理などが必要である。しかも、素材が味付けされている場合は油の汚れや調味液の焦げなどが起こり、さらに管理を要する。噴霧方式は、次の点でメリットがある。

・製品中の油含量を一定にできる
・油の酸化の管理が不要
・フライヤーの設備が不要
・廃油が発生しない

この噴霧方式に適している材料は、撹拌しながらパーム油を噴霧するため、形が壊れないFD品である。パーム油以外には、オリーブオイル、焙煎ゴマ油、シーズニングオイルなどの使用も可能。

9 色素

FDでは元来、色素はあまり使用されないが、資源の有効利用や多様化する商品作りのなかで使用することがある。天然色素が使用されるが、合成色素に比べて分子量が大きく、着色しにくい。カラメル・紅麹・コチニール・パプリカ・クチナシなどの色素がある。

ペースト物や液状物は色素を添加して着色させるが、形あるものへの着色は、調味液などに混合して浸漬処理をする。ものによっては、真空含浸で色を付けることもある。

真空含浸とは、真空調理機器の被含浸物に含浸させたい着色・調味液を十分に浸るほど投入して真空引きする方法で、大事なのは被含浸物が浮いてこないよう、常に溶液中にあることである。脱気の泡が少なくなれば、ブレークをきわめてゆっくり行う。

また、たとえば、キャベツ・ネギのカット品を色素なしの10～15％の糖液に浸漬し真空含浸を行うと、透明感のあるキャベツ・ネギになり、乾燥すると収量がかなりアップする。また、キュウリの輪切りを食塩水で真空含浸すると浅漬け風のキュウリができる。真空調理機器に圧力をかけることで、さらに含侵ができる高圧を兼ね揃えた機器もある。ほかに、真空釜にスチームジャケットが付いている場合は真空（減圧）フライもできる。

10 香り材

ＦＤは素材がもつ風味や調理感の再現が特徴なので、「着色」と同様、フレーバーはあまり使用されず、「矯臭」は課題として対応する。よく使うものとして、ショウガ・玉ネギ・醤油などがある。

(1) エッセンスとオイル系

フレーバーにはエッセンス系とオイル系がある。エッセンス系は水溶性で揮発性が高く香り立ちが良いが、瞬間的で持続性がなく、熱に弱い。また、真空中で飛びやすいのであまり使用されない。

オイル系は比較的持続性がある。使用時は、なじむように早い処理段階で添加する。

(2) シーズニングオイル（香味油）の作成

油脂は、旨味がある動物系を使用する。鶏脂・豚脂・牛脂で融点が異なり、家庭料理をイメージして、その脂と相性が良い香味野菜のコンビネーションでシーズニングオイルを作成する。これらのオイルを乳化させ乾燥すると、調理感のあるシーズニングパウダー（粗粒）ができる。スナック菓子のトッピングに良い。

① 鶏脂

鶏脂は融点が30～32℃ぐらいと一番低く作りやすい。皮（皮の焦げた香り）も利用し、ニラ・ニンニク・青ネギ・ショウガなどの香味野菜と加熱する。焦げにくいものから入れていき、焦げ付き始めたら止める。余熱で焦げが進み、あまり焦げると風味が消失する。鶏脂はチーユともいわれ、ラードより比較的あっさりし、かつコクがあることからよく使われる。

② 豚脂

豚脂の融点は約33～46℃だが、部位により差がある。背脂は融点が低く、ラーメンスープによく使用される。シーズニング風では鶏脂や牛脂に比べて特徴が出にくいが、一つに、ショウガ焼きのイメージで、豚脂と醤油を焦げ寸前まで加熱した醤油の味と香り、ショウガの風味がある。

③ 牛脂

牛脂の融点は豚脂よりも高く約40～50℃で牛肉特有の風味がある。玉ネギ・濃口醤油・砂糖とじっくり加熱すると、「すき焼き風」のシーズニングオイルができる。

(3) メイラード反応による香気の生成

調理感を出すために、フレーバーを用いず糖とアミノ酸の加熱で発生するメイラード反応を利用することがある。これは、糖とアミノ酸のアミノ化合物が加熱されてできる特有の香気である。

たとえば、先に述べたように、玉ネギ（自身も加熱するとメイラード反応が起こる）と濃口醤油（アミノ酸が存在）と砂糖をじっくりと玉ネギが黒くなるまで煮詰めると、すき焼き風味に近づく。また、ブドウ糖とグリシンまたはグルタミン酸ナトリウムを約180℃に熱すると、肉の焦げた匂いがする。その他、アミノ酸や糖の種類・加熱温度の違いによりいろいろな香気が生じることが知られている。

ブドウ糖をベースに各アミノ酸で得られる香気として、ロイシン（100℃で甘いチョコレート、180℃でチーズを焼いた嫌な臭い）、グルタミン酸（100℃でチョコレート、180℃でバターボールの臭い）がある。

11 FDが目指す味作り

筆者がFDの導入後初めて、味作りに取り組んだのが、西欧のもっとも基本的な味「ブイヨン」であった。肉と野菜（ニンジン、玉ネギ、セロリ）を長時間煮るごくシンプルでスローフードな世界である。しかし、この素材のみの味のFD品をどの場面でどのように使用するのか、まったく提案できなかった。

一方、日本には古来、ブイヨンとは異なる発酵調味料（醤油や味噌）がある。これらのFDへの取組みは古く、記録によると、「第二次世界大戦中に陸軍の軍医学校や糧秣廠《りょうまつしょう》が中心となって、主に血漿《けっしょう》や血液などの医療面と、味噌、醤油、米飯などの食糧面からフリーズドライの研究を進めていたが、実用化されないまま終戦を迎えた。」とある。味噌の凍結乾燥はその後、早い時期に明治食品㈱（現・エフディ フューチャー㈱）で行われていた。

即席麺などのスープの味作りは数十種類に及ぶ粉末調味料（液体他も含む）で作るプロの技で、絶妙な配合割合の上に立ったおいしさである（配合によるおいしい幅が狭い）。かたや、鍋料理や味噌汁など具材たっぷりの煮込んだ味は、おいしさに幅があり、誰が作ってもおいしい（緩衝作用があり）（図表6―2）。FDが「料理の限りない再現」とすれば、FD品の味付けは素材の持ち味を十分引き出した調理感のある味になるのではないだろうか。そこにFDの付加価値を見出したい。

おいしいとは、「また食べたくなる」すなわち、

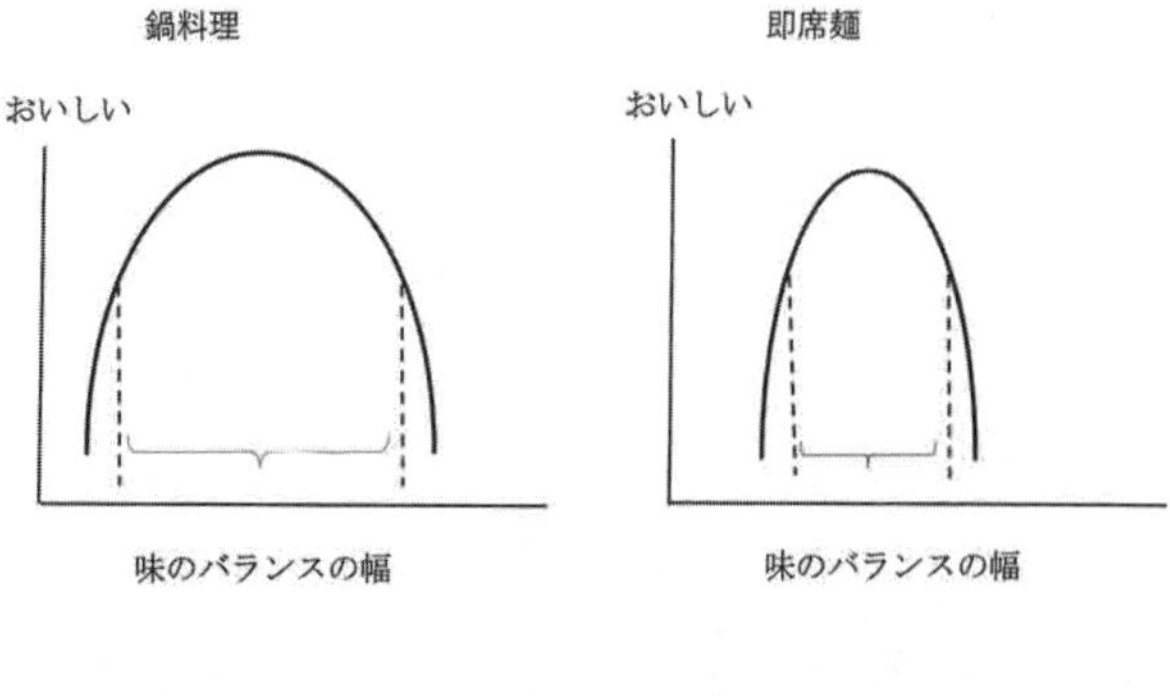

図表6－2　鍋料理と即席麺の味

飽きのこないことで、それには、「味切れ」のため隠し味に「酸味」が大事である。一方で、「食感（テクスチャー）」も商品開発に重要な要素となる。

第7章

フリーズドライの特徴とその展開

1 フリーズドライの長所

FDは低い品温で行われるため、乾燥前の形状や風味を保持できるのが特長である。また、復元性が良く、軽量で常温保存できることも便利な点である。

(1) 乾燥前の形状保持

FDは凍結された状態で乾燥が進み（昇華）、ついに氷の結晶がなくなり乾燥がほぼ終了する。これにより、野菜、果物、肉類などのスライス品は、乾燥前の形状が保持される。

このとき、真空度が高いと、乾燥された乾燥品、たとえば野菜（ホウレン草、イチゴ、ニンジン、カボチャ、ネギ、グリンピースなど）は、「白っぽく」上がる(復元すると元の色を再現)。これは、乾燥前の目には見えない野菜の表面にある細かい凹凸までが完全な形で乾燥されるからである。この凹凸に光が乱反射して白っぽく見える。

熱風乾燥の野菜や果物などは、シュリンク（収縮）しているので色が濃く見える。このことから、FD製法か別の乾燥方法か、色と肉厚を見ればおよそ判明する。大きい冬ネギの断面の粘質物では、FDの場合そのまま綿状に再現される。

(2) 色、風味、芳香成分の保持

乾燥品はいくぶん白く上がるが、復元すると乾燥前の色になる。

風味の保持は、たとえばFD製法のインスタントコーヒー（ネスレ社）が素晴らしさを物語っている。FDでは、乾燥初期の品温がまだマイナス20〜マイナス30℃ぐらいで、低揮発性成分の香りは残留する。乾燥が進むと乾燥部分が飛散を抑える。しかし、高揮発成分の香りは多少飛散する。

ショウガパウダーでは、香り成分が20〜30％減少するようである。香辛野菜にミツバ・ショウガ・ネギ・パセリ・セロリ・葉ワサビ・青ジソ（少し塩振りして叩く）があるが、これらの乾燥は当然、前処理で細かく裁断して乾燥するより、大きく裁断して乾燥品で粗砕きかパウダーにした方が、香りが保持される。

乾燥時間については、当然乾燥が速い方が、成分が残留し、品温は高くない方が良い。

(3) 溶解性、復元性

① 高溶解性

被乾燥物が凍結しているため、乾燥中に可溶性成分の表面への移動がなく（表面硬化）、全体的な濃度分布が均一で溶解度が高い。

② 復元しやすい（熱湯復元）

乾燥品の構造が多孔質構造（海綿状）を形成しているため、湯が入りやすい。FDはかつて「AFD（Accelerated Freeze Dry）」と呼ばれていたが、「Accelerated＝加速」という単語を「瞬時」と勘違いされたほど、「復元力」は大きな特徴である。

アメリカがFD技術を食品に応用して最初に生産したのが、マッシュルームといわれている。わが国でも最初の一大試食会に供されたのが「マッシュルーム入りスープ」だった。それほど、マッシュルームは食感とともに生と遜色ない復元力をもつ。

しかし、野菜のなかにはキャベツのように急速凍結しても細胞壁（セルロース）が破壊され、乾燥後のフレッシュ感がないものがある。かたや、焼きナスのような、あまり繊維組織構造の強くないFD品は、乾燥前と劣らない風味豊かな「焼ナス」になる。復元しにくいもののなかには、塩味や醤油味などにすると比較的復元するものもある（コンニャクなど）。

復元性と食感の関係は、これまで述べてきたように素材のカットの方向によっても異なる。なお、「たまごスープ」は「かき玉子」の滑らかさの再現である。

③ 復元のタイプ

復元方法は、大まかに分けると次のようになる。

〔湯をかける〕

・規定量の湯をかけるタイプ……「たまごスープ」を代表とする成型物のスープ類、味噌汁類、にゅうめん、お粥、雑炊類、丼物の具材などの成型物

・多めの湯をかけて復元後湯切り……きんぴらゴボウ、ひじき、切り干し大根、ホウレン草のお浸しなど。これらは時間が経つほど食感が出る

〔水を加える〕

・規定量の水を加えるタイプ……山イモパウダー、全卵パウダー、ポテトサラダ、おから、大根おろしなど

・少し水を加え復元後水を切るタイプ……漬物類（ナスなどのしば漬け・水菜・すぐき・高菜・きざみ沢庵・つぼ漬け・いぶりがっこ）、キュ

ウリ揉み、海藻類など。これらも少し時間を置くと食感が出る

〔そのまま使用〕

・乾燥品をそのまま使用（トッピング）……成型でない各種スープ、味噌汁、お茶漬け、おにぎり、ふりかけ、スパゲッティ、スイーツ、薬味にスイートコーン、ネギ、豆腐、ホウレン草、鮭、チップ状の漬物、ツナ、シラス、ひきわり納豆、生のり、タラコ、パセリ、ハーブ、ショウガ、イチゴ他果肉チップ

・炊き込みご飯用……五目飯、釜飯、山菜ご飯、鶏飯、チキンライス、パエリア、郷土飯、漁師飯などの各具材

・復元せずそのまま喫食……塩豆（グリーンピース）、ガルバンゾー（ヒヨコ豆）、チーズダイス、ノンフライベジタブルチップなど、また、香り付けとしてローズマリーの乾燥品をオリーブオイルの瓶詰めに封入

(4) 軽量・保存性

① 常温での保存性

FDは低水分、かつ軽量であり、化学変化が起こりにくいことから常温での保存性に優れている。

② 保管する場合の注意

乾燥品は基本的に吸湿性があるので、包装資材および包装形態は十分検討する。

・被乾燥物に適切な前処理を行う

・低水分まで乾燥させること。ものによっては2・0％以下が望ましい

・脱気して窒素ガスと置換充填（ものによっては残存酸素1・0％以下が望ましい）、窒素ガス置換の代わりに脱酸素剤を封入することもある

・包装材料はガスバリア性があり、透湿性のないものとし、油脂を含むものや退色するものは遮光する。さらに長期を目指す場合は丸缶などに詰める場合がある

・高温多湿を避け冷暗所保管とし、とくに今般の夏場の異常気象には注意が必要

(5) 乾燥可能な大きさ

FDのサイズは基本的に、乾燥庫内に入り乾燥時間さえ問わなければ、少々大きいものでも乾燥可能である。たとえば、タラバ蟹・鹿ケ谷かぼちゃ（京都の伝統野菜で中をくり抜いた漆塗りの工芸品）・大和三尺きゅうり（成熟すると90㎝近くになる奈良の伝統野菜）などの丸ごと素材がある。製品としては、初期の「すき焼き」「八宝菜」「えびグラタン」「ドライフルーツ」などサイズ12×8×2㎝の成形タイプ（当時は整形）がある。これは、調理済みした料理を大きな調理用アルミ製バッカン（容器）に流し込み凍結し、カット（成形）したものである。

近年、大型具材といえば即席カップラーメン・うどん・味噌汁の具材に使用されている「チャーシュー」「油揚げ」「野菜ブロック」などがある。これら以外にも大型具材があったが商品の移り変わりは激しく、短命に終わったものも数多くあった。大型具材で復元性が劣る場合、スパイクなどで穴を開けるのも有効な方法である。また、乾燥時間の短縮にもなる。

2 成分の残存

FD品は乾燥中の品温が低く、また、乾燥庫内が真空のため酸素の影響を受けず化学変化がきわ

図表7－1　カボチャ粉末製造の各種乾燥における
βカロテン、αトコフェロールの残存率

βカロテン残存率		αトコフェロール残存率	
ブランチング	100%	ブランチング	100%
天日乾燥	15%	天日乾燥	43%
温風乾燥	44%	温風乾燥	66%
冷風乾燥	56%	冷風乾燥	100%
凍結乾燥	82%	凍結乾燥	100%

いずれも1分間ブランチング処理
温風乾燥 50℃、冷風乾燥 25℃

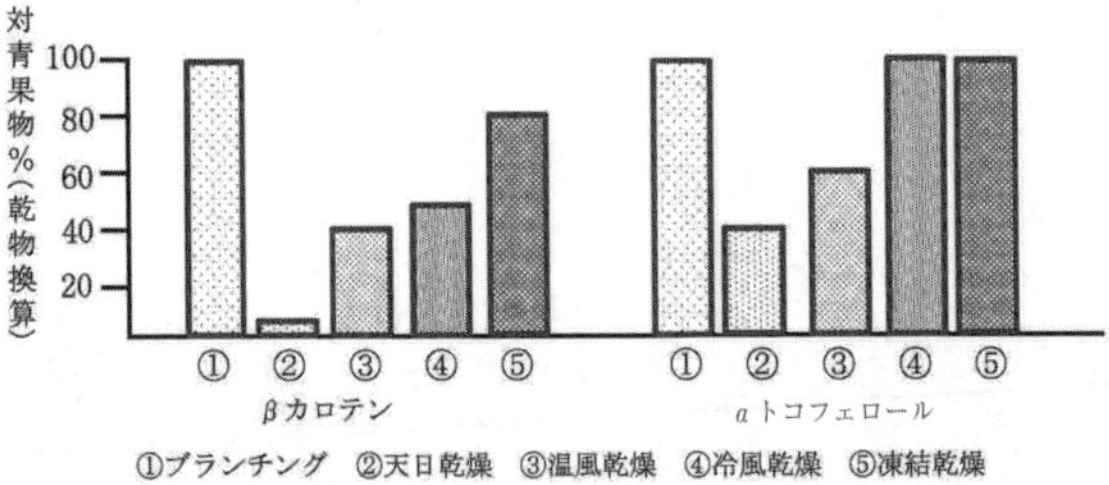

資料：平成15年度愛媛県農林水産加工利用開発会議「カボチャの加工利用研究」愛媛県工業技術センター
注　：カボチャは西洋カボチャ（エビス）

めて少ない。

とくに、タンパク質変性を抑える点に大きな特徴がある。もっともわかりやすい例として、全卵液を50℃で乾燥した全卵パウダーを所定の水の量で溶いて、焼くと普通の玉子焼きができ、蒸すと滑らかな茶碗蒸しができる。余談だが、FD茶わん蒸しといえば、筆者が入社した頃、午前3時に起きて大きな蒸し器を両手に抱え、築地市場で茶わん蒸しを実演販売したものだった。

(1) カボチャ粉末での残存率

FDをはじめとする乾燥方法の違いにより、成分の残存率は異なる。図表7―1にカボチャ粉末製造の各種乾燥方法におけ

るβカロテンとαトコフェロールの残存率を示した。

βカロテンはビタミンAの前駆体であり、αトコフェロールはビタミンEの一種である。ブランチング処理はβカロテン・αトコフェロールいずれも損失はなかった。一方、天日乾燥（夏場）はカボチャ特有の黄色が退色し、さらに、外観上もカボチャの特徴がなくなり、残存率もいずれも低い。温風乾燥も残存率は高くないが、天日乾燥よりは良好である。冷風乾燥は温風乾燥よりも良好で、αトコフェロールについては残存率１００％である。

この表のとおり凍結乾燥は、βカロテンの残存率が一番高く、αトコフェロールの残存率は冷風乾燥と同様、１００％である。

(2) 青汁残渣での残存率

青汁のブームとともに大量の青汁残渣《ざんさ》が発生しており、食品ロス削減を目指すなかで廃棄処理にたいへん苦慮している。残渣とはいえ成分的には

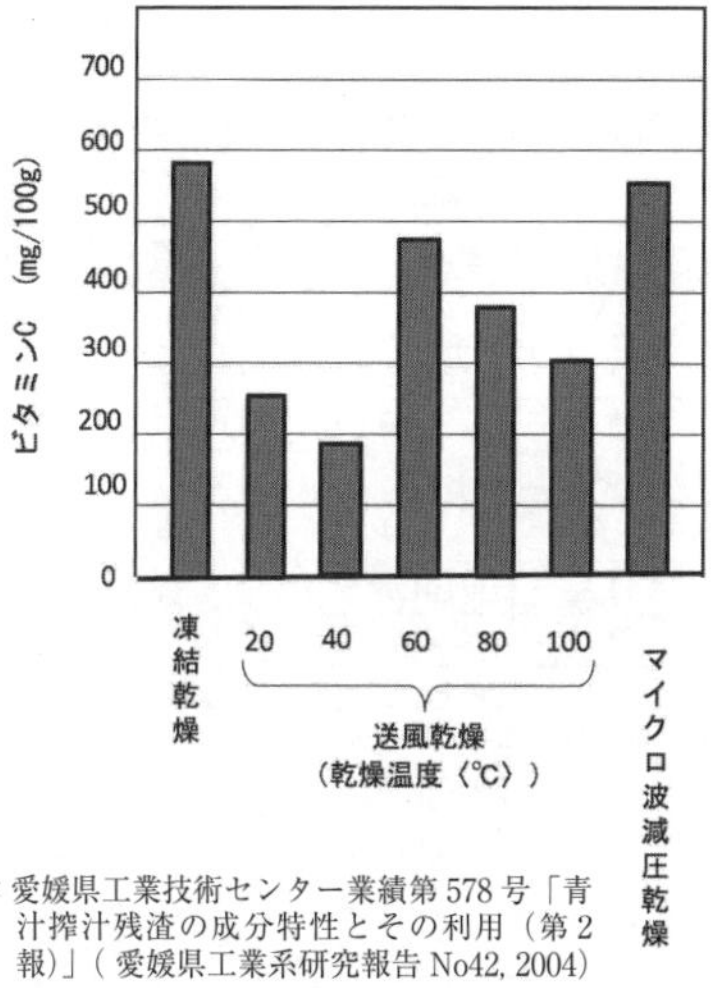

資料：愛媛県工業技術センター業績第578号「青汁搾汁残渣の成分特性とその利用（第2報）」（愛媛県工業系研究報告 No42, 2004）

図表７－２　青汁残渣の乾燥方法による残存ビタミンC

青汁と同程度の栄養成分を含んでおり、この残渣の乾燥粉末化による有効利用が検討されている。食品加工用素材として粉末を得るにあたり、送風乾燥・マイクロ波減圧乾燥・凍結乾燥により、元来の色や成分を残す条件を検討している。

検討の結果は、凍結乾燥はすべての乾燥法のなかでもっとも鮮やかな緑色を示し、ビタミンＣの減少も少なかった（図表７―２）。40℃以下の低温での送風乾燥は、色調・ビタミンＣ量ともに悪くなったが、これは乾燥に長時間を必要としたためと述べている。

(3) 野菜のビタミンC残存率

図表７―３は、酸化や熱に弱いとされるビタミンＣのＦＤとＡＤ（熱風乾燥）前後の含量変化について報告している。表の数値は総ビタミンＣの残存率

図表７－３　乾燥の違いによる野菜の総ビタミンＣの残存率

（%）

パプリカ		ホウレン草		パセリ	
生鮮	100	生鮮	100	生鮮	100
FD 品	63.8	FD 品	88.9	FD 品	102.4
AD 品	38.9	AD 品	32.8	AD 品	62.2

ブロッコリー		サヤエンドウ	
生鮮	100	生鮮	100
FD 品	69.6	FD 品	84.7
AD 品	4.3	AD 品	4.4

FD：フリーズドライは真空度 0.4hPa、棚温度 40℃、乾燥時間 20 時間
AD：エアードライ（熱風乾燥）は熱風温度 60℃、乾燥時間 8 ～ 20 時間

資料：日本食品保蔵科学会誌 38 巻 3 号「乾燥技術の違いによる食品中の有用成分の変化」（2012 年 5 月）
注　：レトルト処理は省略。

を示し、生鮮の総ビタミンCを100としたときの各処理後の総ビタミンC含量を示している。

5種類すべての野菜において、FDはADよりも高い総ビタミンC残存率を示している。また、ホウレン草・パセリ・ブロッコリー・サヤエンドウにおいて、FDと生鮮との間に総ビタミンC含量の有意差がなかったのに対し、ADは有意差が認められた。一方、パプリカはADに加え、FDにおいても生鮮との間に有意な差がみられた。これは、パプリカに収縮が見られたことから真空乾燥状態となり、表面に移動したビタミンCが熱の影響を受け、減少したと考えられると述べている。

(4) 魚の成分保持

今日、魚離れが野菜以上に進むなかで、魚を摂取する機会は減りつつある。しかし、元気に泳い

図表7－4　FDマアジの一般成分分析値

100g中の成分含量

	参考値	分析値
エネルギー（kcal）	442	407
たんぱく質（g）	44	42.9
脂質（g）	14	8.5
炭水化物（g）	35	39.6
灰分（g）	3	5.7
ナトリウム（mg）	252	290
カルシウム（mg）	1,637	1,200
カリウム（mg）	693	590

参考値：七訂日本食品標準分析表の数値および製品の原材料比により算出
分析値：㈱CRC食品環境衛生研究所による分析値

資料：平成27年度さが農商工連携応援基金事業「フリーズドライを利用した魚まるごとサプリメントの開発」佐賀玄海漁業協同組合、㈱ヤマフ
注　：マアジ一匹丸ごと、非加熱。参考値のFDマアジは内臓、頭除去。

図表7－5　FDマアジのアミノ酸他成分の分析値

100 g 中の成分含量（mg）

	参考値	分析値		参考値	分析値
EPA	776	208	トリプトファン	420	470
DHA	1,280	727	バリン	1,805	2,000
イソロイシン	1,595	1,700	ヒスチジン	1,280	1,100
ロイシン	2,728	3,100	アルギニン	2,308	2,400
リジン	3,148	3,400	アラニン	2,308	2,500
メチオニン	1,091	1,800	アスパラギン酸	3,568	3,900
シスチン	378	620	グルタミン酸	5,247	5,700
フェニルアラニン	1,490	1,600	グリシン	2,308	2,400
チロシン	1,217	1,200	プロリン	1,511	1,600
トレオニン	1,637	1,800	セリン	1,490	1,700
			ヒドロキシプロリン	336	350

参考値：七訂日本食品標準分析表の数値および製品の原材料比により算出
分析値：㈱CRC食品環境衛生研究所による分析値

資料：平成27年度さが農商工連携応援基金事業「フリーズドライを利用した魚まるごとサプリメントの開発」佐賀玄海漁業協同組合、㈱ヤマフ
注　：マアジ一匹丸ごと、非加熱。参考値のFDマアジは内臓、頭除去。

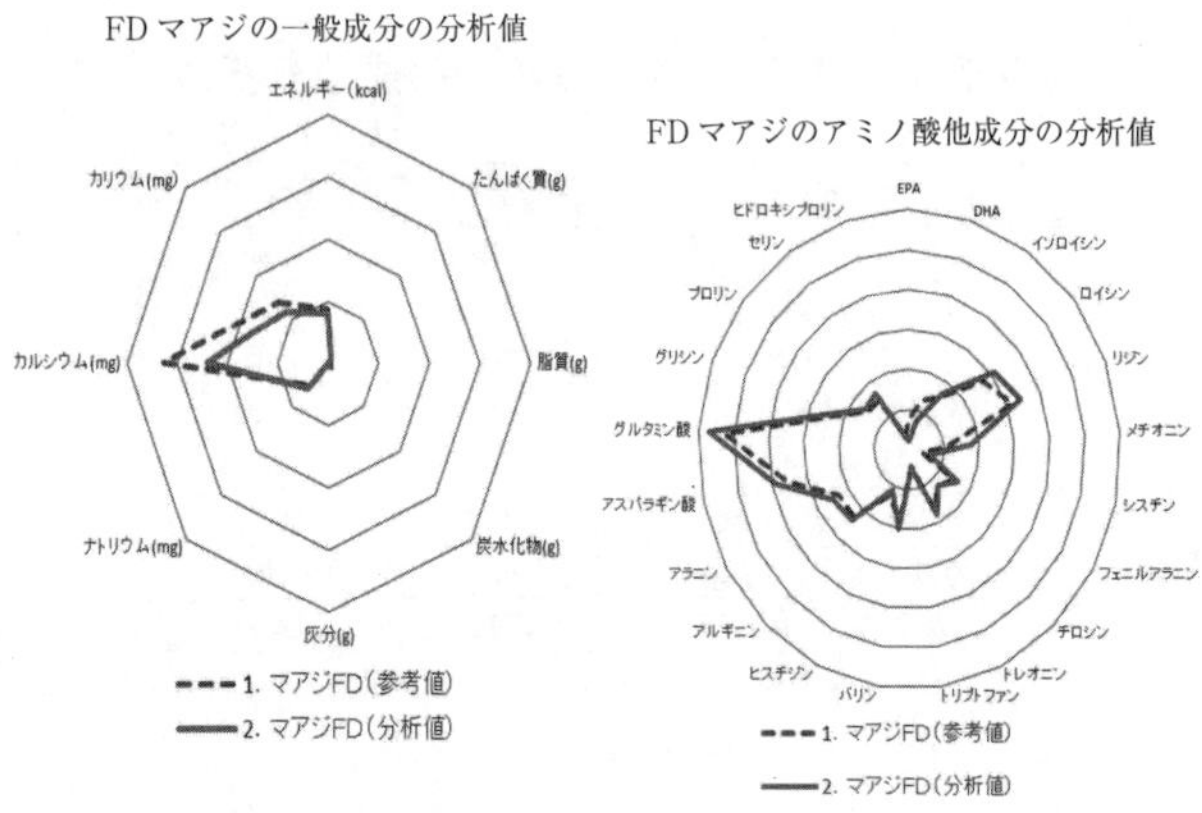

資料：平成27年度さが農商工連携応援基金事業「フリーズドライを利用した魚まるごとサプリメントの開発」佐賀玄海漁業協同組合、㈱ヤマフ

図表7－6　FDマアジの成分分析値

でいる魚の生体には、栄養成分がバランスよく入っている。どのような成分がどれだけ入っているのかを調べるため、魚を丸ごと乾燥させた。その結果を図表7―4、図表7―5、図表7―6に示した。図表7―4をみると脂質が少ないが、本分析（FD）に使用した魚が体長7～8㎝の脂肪の少ない小型であったことによると思われる。

ここで、参考値というのは七訂日本食品標準分析表の数値（内臓、頭を除去）で、魚のサイズの違いもあり本比較の「丸ごとマアジ（内臓・頭すべて入っている）」の数値と単純に比較できない。マアジを選択したのは、大衆魚の有効利用の検討からである。

図表7―6のレーダーチャートを見ると、参考値（内臓、頭を除去）のアミノ酸のバランスとほぼ同じように、本マアジ（FDマアジ一匹丸ごと、非加熱）も栄養バランスを保持していることがわかる。

(5) 有益菌の作用保持

FDの特長の一つに、乳酸菌や納豆菌など有用菌の生体作用保持がある。

ヨーグルトは乳酸菌（ブルガリア菌・ビフィズス菌など）の発酵により作られ、家庭で牛乳などを使用して簡単にヨーグルトができる種菌に、ケフィアの種菌やカスピ海乳酸菌などがある。いずれも牛乳などに種菌を加え20～30℃で20～24時間放置すれば、ヨーグルトになる。

納豆菌の乾燥については、納豆菌は枯草菌の一種で、増殖に適さない環境になると、熱や乾燥に強い芽胞《がほう》と呼ばれる殻を作る。そのため、乾燥に非常に強い。このように納豆菌は強力な耐久性をもつため、納豆を乾燥した場合、乾燥庫内の十分な清掃と、乾燥後の取扱いなど周辺部に納豆菌が飛散しないよう十分気をつける。

(6) その他の報告

トマトペーストでの研究で、FDによる加熱温度と成分変化は、40℃でビタミンCの残存92%、カロテノイドとアミノ態窒素はほとんど変化なし。65℃でビタミンCの残存70%、カロテノイド85%、アミノ態窒素85%。この温度になると化学的な褐変現象が起きているという報告もある。

一方、肉に関する研究も報告されている。肉は生体色素のミオグロビンが十分にありピンク色を呈しているが、加熱により組織中のグリコーゲンがアミノ酸とのメイラード反応により褐変が起こり、ピンク色は消失する。そこで、生豚肉のFDについて、乾燥温度別にグリコーゲンの残存を調べると、新鮮物のグルコース含量を100とすると乾燥温度40℃で70・1%　60℃で63・4%、80℃になると31・3%で褐変を生じるという結果となった。

3 フリーズドライの今後の展開

(1) ウエット品

① 佃煮式の応用

FDの最大の欠点は、濃い味付けをすると張り付いてしまい、はがすときに壊れるおそれがあることである。また、濃い味は吸湿しやすい。この問題への解決のヒントになったのが、「佃煮」の理屈である。

佃煮は常温保存できる食品の一つであり、歴史は古く、江戸時代から江戸前で獲れた小魚を使って「佃島（東京都中央区）」で作られていた。経験的に濃い味付けで、できるだけ水分を飛ばす作り方だった。水分の飛ばし方や味付けの濃さで防カビ性や保存性が決まる。その目安を利用し、さらに日持ちするよう数値化で捉えようとしたのが水分活性Aw（Water activity）の理論である。当時は水分活性を測る測定器がなく、「食品、添加物等の規格基準」（昭和34年12月28日厚生省告示第370号）には、測定に重量平衡法（グラフ挿入法）や蒸気圧法（電気抵抗式湿度測定法）が示されており、手間を要した。

② 水分活性から測る安全性

微生物が利用するのは自由水だけであり、食品中の自由水が水分活性Awに関わる。したがって、保存性のある佃煮を作るには、自由水を蒸発させると同時に、砂糖や醤油などを加えて自由水を取り込む。砂糖2gは約水1g前後の水分を取り込む。

試料を密封容器に入れて平衡に達した水蒸気圧をP1とし、容器内の温度における純水の蒸気圧をP2とすると、水分活性（Aw）＝P1／P2となる。すなわち、数値が1.00に近いほど「自由水」の割合が100％に近いことになる。

水分活性1.0〜0.6において増殖する微生物がよく知られており、この数値が低いと保存性が高くなる。製品の水分活性を知ることによって、どのような微生物が増殖する可能性があるかを予測でき、保存期間や保管条件など対策を察知・設定できる。水分活性0.6以下では、微生物の生育や増殖はない。

③ 調湿の仕方

FD品は、醤油を含む濃い味付けほど吸湿しやすい。また、糖アルコールの一種である甘い高糖化還元水飴、食品添加物のソルビトールやグリセリンなどは保水性があり、水分活性を下げる。

ゆえに、味付け品の調湿（加湿）方法は、クリーンな部屋があれば常温放置するか、専用の加湿庫を設け調湿する。あるいは、FDの終末頃、未乾燥状態でメインバルブを閉め、乾燥庫内で蒸らす（棚温度は維持）。調湿が過剰気味ならば軽くそのまま再度乾燥する。一度の真空引きで約10％水分が飛ぶ。

いずれの方法も個々のばらつきがある場合、調湿不足品と過剰気味品とを合わせて密封すると平衡水分になる。

④ ウエット商品の開発

1977（昭和52）年頃から即席カップラーメンやカップうどんの具材の大型化（味付け油揚げや味付けチャーシューの一枚ものなど）が求められた。これに対応したのが水分活性の理論に基づいたウエット（中間水分）タイプの商品開発であった。幸い、この頃は外国製の水分活性測定器があり、加湿（調湿）した製品を安心して開発できるようになった。カップ内の湿度が低い環境であることも、条件として良好だった。

ウエットタイプはFDの弱点を補うもので、大きく薄いFD品でも壊れが発生しない商品ができた。また、水分の存在が空気と油脂の接触を抑え、酸化の進行を抑える。ただし、醤油の使用は高温保管によりメイラード反応（褐変）が起こりやすいので、保管中の温度には注意が必要である。

ウエット商品はふりかけ、トッピング材などに利用が可能で、チップ状など小さいFD品は直接、水を噴霧する。ウエットにすると香りを発するのも特徴である。従来の干しブドウとは異なったソフトなフルーツ、おにぎりの具材（ダイス）など今後、いろいろな商品展開が期待される。ＦＤからのウエット商品作りのメリットは、目的の水分活性値に合わせて調湿（水の噴霧）ができることである。

(2) ダブル乾燥品

通常、１回の乾燥工程を２回行うことでさまざまな商品に展開できる。ダブル乾燥のメリットとしては次のような点がある。

① 形状を壊さず濃厚な味付けが可能

肉類のスライス・ダイス状の形を保持しつつ、しっかりした味付けを行うことができる。

加熱済のスライス・ダイスに１回目のＦＤを行い、乾燥品を調味液に浸漬、味付け処理した後、形状を保持しつつ２回目のＦＤを行う。１回目の乾燥品は、肉質の組織が多孔質であり調味液が侵入しやすい。１回目は味付けされないので意外と乾燥が早い。

② 着色しにくい被乾燥物を着色

２回目の乾燥のときに、着色した調味液を噴霧または浸漬した後、再度乾燥を行う。

③ 異なった味の付与

たとえばキウイ・リンゴ・イチゴ・バナナなどのスライス・粗粒などのＦＤ品に、薄めたはちみつやメープルシロップ、ヨーグルト味などを噴霧吸湿させ再乾燥する。ＦＤ野菜では、ノンオイルドレッシングの噴霧による味付けも可能である。被乾燥物により１回目の乾燥または２回目の乾燥のどちらかがＦＤ以外の乾燥もある。

第8章

食品の安全性

食品製造において安全・安心を脅かすものは、原料由来・製造工程中・製品の保管中に起こりうる。これをいかに早い段階で見つけ、トラブル（危険）を予知して素早い対処と情報共有できるかが品質管理上、きわめて重要である。

食品の安全・安心を揺るがす事項として、微生物汚染・異物混入・工程検査の不備・品質の変質・社員教育の不徹底の5つがある（図表8―1）。これらはどれかに重点を置くのでなく、バランスが取れていることが大事である。木の桶は一つでも構成する板の高さが低ければ、桶に入る容量はその高さまでになってしまうように、品質も同様、低いところで合ってしまう。すなわち、全職場中、一部署でも商品に対する安全・安心のレベルが低ければ、そのレベルに合わされてしまうのである。

1 微生物汚染

食中毒は細菌由来が75％以上を占めるといわれる。感染型としてサルモネラ・腸炎ビブリオ・カンピロバクター、毒素型に黄色ブドウ球菌・ボツリヌス菌、中間型にウェルシュ菌・セレウス菌などが知られている。

ＦＤの微生物対策は乾燥中に期待できないので、前段階で初発細菌をいかに減らし、かつ各製造段階でさらに減らしていくかが肝要である。

なお、微生物汚染対策として、「食中毒予防の3原則」（付けない・増やさない・殺す）がポイントとなる（第9章1「乾燥品の細菌対策」参照）。

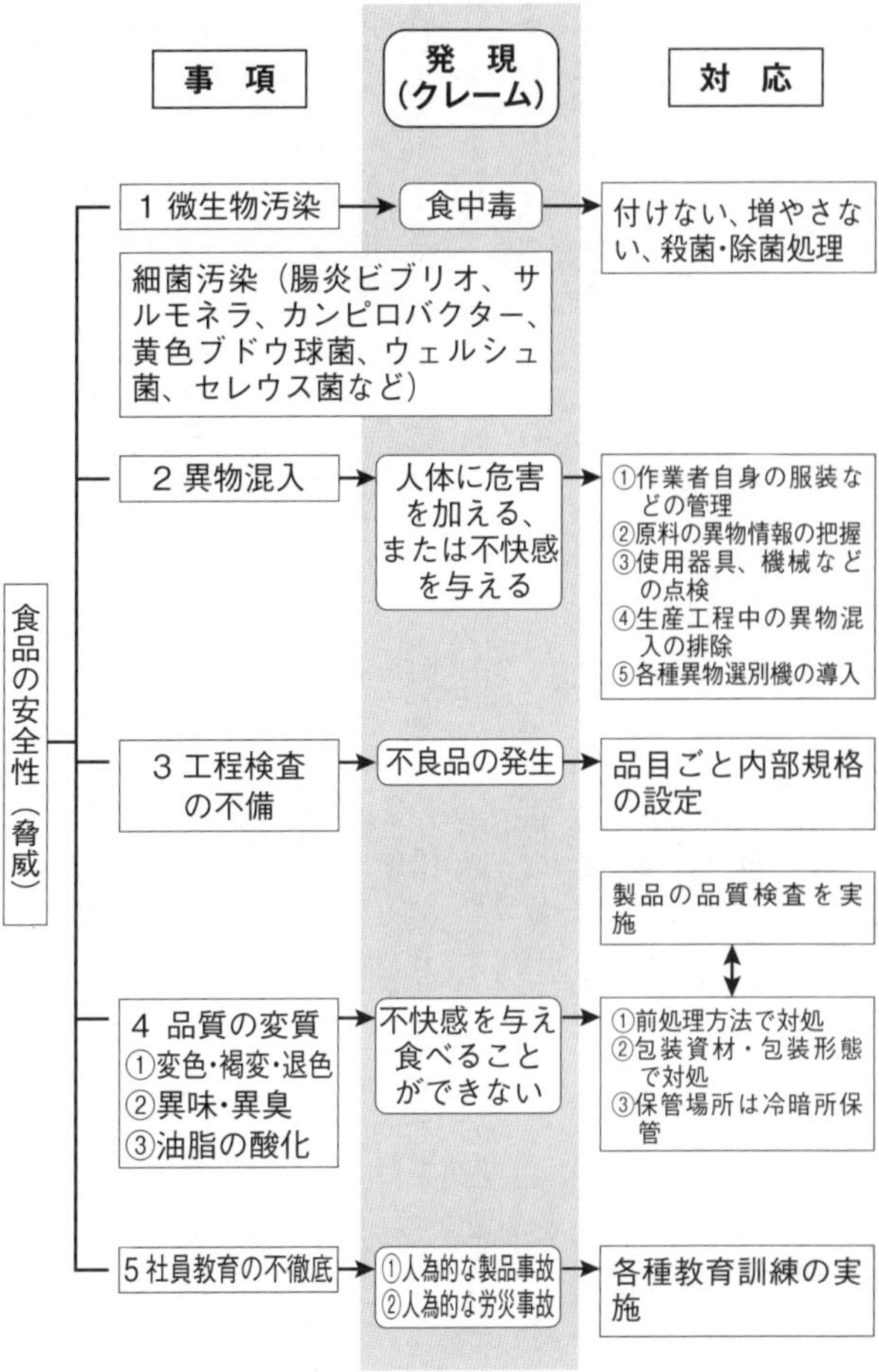
事項
発現
(クレーム)
対応
食品の安全性（脅威）
1 微生物汚染
食中毒
付けない、増やさない、殺菌・除菌処理
細菌汚染（腸炎ビブリオ、サルモネラ、カンピロバクター、黄色ブドウ球菌、ウェルシュ菌、セレウス菌など）
2 異物混入
人体に危害を加える、または不快感を与える
①作業者自身の服装などの管理
②原料の異物情報の把握
③使用器具、機械などの点検
④生産工程中の異物混入の排除
⑤各種異物選別機の導入
3 工程検査の不備
不良品の発生
品目ごと内部規格の設定
製品の品質検査を実施
4 品質の変質
①変色・褐変・退色
②異味・異臭
③油脂の酸化
不快感を与え食べることができない
①前処理方法で対処
②包装資材・包装形態で対処
③保管場所は冷暗所保管
5 社員教育の不徹底
①人為的な製品事故
②人為的な労災事故
各種教育訓練の実施

図表８－１　食品の安全性

(1) 菌を付けない

葉物野菜・根菜類・生鮮果物などは傷がないこと。細菌は傷口から侵入し、破壊された細胞壁から溶出した栄養分を摂って繁殖する。ナス・キュウリ・大根など表面に傷がなければ、皮の下数㎜より内側は、細菌の観点からは比較的きれいといわれている。傷んでいる箇所は大きくカットし排除するが、道管（根から水と養分を運ぶ管）を通じて細菌が拡散しやすいものもあり、傷口だけのカットでは済まないこともある。

工場では、HACCP（ハサップ）対応手法により原料処理ゾーン、調理加工ゾーン、加熱など殺菌ゾーン、細菌対策済ゾーンを明確に区別し、人・ものの往来を制限するなど人員や備品の配置に注意する。

作業者は、始業前に作業服など身辺の汚れの点検と器具・機械の殺菌を行い、作業中も器具の殺菌が都度できるよう常時、熱湯などを用意する。作業終了後は器具の洗浄に加え、機械類の部品を分解して、欠損がないかの点検・洗浄を行う。手の指などに傷のある作業者やノロウイルスなど感染性のある罹患者に対しては、申告制をとる。

(2) 菌を増やさない

生鮮野菜は、細菌の増加を防ぐためできるだけ冬野菜が望ましい。

野菜はそのままの姿では日持ちするが、加工するほど組織の破壊と栄養分の漏えいにより傷みやすくなるため、処理したものを翌日に持ち越さない。冷蔵保管する場合は、容器の放冷性や冷風の流れなどにより中心までの冷却に時間がかかると、「蒸れ」が発生する。冷却時、細菌の増殖しやすい30〜45℃付近の温度帯は素早く通過させる。

集団食中毒の発生は、前日処理の保存に起因することが多い。たとえば、カレーなどとろみのあるものは、酸欠状態を好むウェルシュ菌が放冷の際に増殖し中毒を起こす。菌の増殖を抑えるため、前処理室の作業環境はできるだけ低い温度が良い。

(3) 菌を殺す（除菌・殺菌）

非加熱野菜や果物などの除菌、使用調理器具・機械などの洗浄・清掃・除菌には、次のようなものがある。

① 電解水生成装置

食品添加物の次亜塩素酸水は、水に少量の塩を添加し電気分解して得られる殺菌料で、pHの違いにより微酸性・弱酸性・強酸性がある。微酸性次亜塩素酸水は、pH 5・0〜6・5くらいと水道水に近い。酸性電解水は取扱いが安全で、かつ、次亜塩素酸ナトリウム水溶液よりも有効塩素濃度が低く効果がある。

水産関係では、海水電解装置で除菌された海水を使用する。

② オゾン水生成装置

オゾンは酸素原子3個から成り立ち、強い酸化力を持つ。この酸化力からオゾン水が殺菌・消臭に利用されている。細菌に対しては、酸化力により細胞を破壊し、消臭では臭いの物質自体を分解する。

オゾン水濃度は持続力があまりなく、水中のオゾンが酸素に戻り濃度が低下していく。また、有機物や臭いの元に触れると酸素に戻ってしまうがギリシア語で「臭い」を意味するほど、オゾンガス自体に独特の臭いがする。

ところで、炭酸ガスがタンパク質に吸着しやすいことから、満田久輝京都大学名誉教授の指導のもと、オゾンガスの酸化による殺菌力を利用して微生物体内のタンパク質を酸化・破壊し除菌 できないか研究したことがあった（一般財団法人 食品産業センター「食品安全性向上技術研究開発」）。

方法としては、FDの野菜について、乾燥終了のブレーク時に、外気の代わりに炭酸ガスとオゾンガスの混合ガスを注入するものである。実用化にあたっては、乾燥庫内での被乾燥物と混合ガスの接触の不均一、使用済み混合ガスの放出処理の問題など課題が残った。

③ 次亜塩素酸ナトリウム

もっとも一般的で比較的安価である。次亜塩素酸ナトリウム自体は不安定で水溶液も自然分解し酸素を放出しやすいので、希釈後、時間が経つと濃度が低下する。また、有機物によっても濃度が低下するため、有効塩素の管理が必要である。野菜ならば有効塩素濃度は、およそ100~200ppmで使用することが多い。

次亜塩素酸ナトリウムは、塩素の臭いが残りやすく、また、水溶液が塩酸などの強酸性物質と混ざると有毒な塩素ガスが発生するので、取扱いに注意する。

④ 食酢

希釈された食酢で菌の増殖を抑えたり、除菌したりすることができる。加温すると効果があり、酢の臭いを飛ばすにも都合がよい。酢酸濃度1・0~2・0%ほどで除菌し（効果のない菌もあり）、濃いとFD後、多少臭いが残る。山イモなど（変色も防ぐ）に使用。

⑤ 食品用エタノール製剤

食品添加物である食品用エタノール製剤は、対象物に応じてアルコール濃度と浸漬時間を決める。少し加温するとより効果が出るが、アルコールの蒸発も進む。アルコールは不凍液で、コールドトラップで凝結されず真空ポンプに流れてポンプに良い影響を与えないので、できるだけ水洗いするか、蒸発させるのが望ましい（第9章1「(5) アルコール噴霧による除菌」参照）。

製造工程中の細菌汚染の解明に、多くの箇所を細菌検査する場合、培地調製不要のコンパクトドライなどを使うと現場の作業者でも簡単に検査できる（第9章1「(3) 作業環境での細菌の状況」参照）。

(4) 浄化槽への影響

浄化槽を備えている場合、これらの殺菌溶液、除菌溶液が活性汚泥処理槽（曝気《ばっき》槽）に多量に流入して活性汚泥[※1]に深刻なダメージを与えないよう、浄化槽の管理が必要である。ほかに、高タンパク質物や高糖液、油脂などが多量に混入することで、活性汚泥処理槽がトラブルとなることもある。それにはＢＯＤ[※2]が高くなり、水質悪化につながらないように監視する必要がある。

※1　活性汚泥は、好気性微生物群を含んだ「生きた」浮遊性有機汚泥のこと。

※2　ＢＯＤ（Biochemical Oxygen Demand、生物化学的酸素要求量）は、バクテリアが活性を帯びるのに必要な酸素量のこと。酸素が不足するとバクテリアは増えず、汚水に含まれている物質を食べないのでそのまま残り、すなわち浄化しなくなる。浄化槽の不備が生じると臭気・悪臭などが発生し、その対策が求められる。

2 異物混入

異物混入はもっとも致命的なクレームであり、内容および対応の仕方次第では、危機的な局面へ発展することがある。

(1) 原料由来のもの

異物混入は、とくに生鮮野菜・冷凍野菜・冷凍魚介類などで原料由来が多い。また、可食部であっても変色部分などは異物扱いになる。さらに、鮭などで取り忘れた骨は、危害を加える可能性のある異物となる。

異物は原料処理など早い段階で発見するほど、カットなどで拡散することなく選別の効率が上がる。それでも見落とすことがあり、各工程で異物の監視を行う。

(2) 人為的によるもの

毛髪や作業服などに付着した異物に気をつける。ネット付き帽子(髪の毛がはみ出さないこと)をかぶり、マスク・ゴム手袋・前掛け・長靴(部署により長靴・安全靴・上履きなど区別)を装着する。来客者に対しても、これに準じた形で実施する。

作業場への入場は作業服のローラー掛け、履物の底面の消毒、エアーシャワーの通過など(作業服の洗濯、ローラーの管理、消毒槽または消毒マットの管理、休憩中の作業服での行動範囲の限定など)、細心の注意を払う。休憩中は無許可で作業室への立ち入りを禁止する。これらは衛生規範にも通じる。

(3) 作業環境によるもの

前処理・調理室の床下、排水溝、建屋の隙間など防虫・防鼠《ぼうそ》の進入路がないか点検する。作業場の熱源を排気するダクトの陰圧によるユスリカなどの虫の侵入を防ぐ。

調理器具や機械から重異物が混入することがある。機械のネジや金属疲労による金属片などの異物は、人に危害を与え重大アクシデントに発展するおそれがある。今般、食品工場の調理設備や周辺器具などステンレス化されているが、長期にわたる機械の稼働により2次的に発生するステンレス系摩耗粉・微鉄粉・特殊鋼摩耗粉などの混入がある。とくに、振動系の機械はネジの緩みのチェックなど日頃から点検が必要である。

乾燥庫内に乾燥くずや粉塵などがあればブレーク（常圧に戻す）中に飛散するので、清掃する。また、臭いの強い揮発成分が庫内に残留・付着していることもあり、念入りに洗浄する。

包装室は部屋のコーナーや排気ダクト付近に乾燥品の粉塵（野菜、穀類など）が積もる。年中快適な環境であることから、コクゾウムシ・コクヌストモドキ・シバンムシなどが繁殖する場合があるので、隅々まで清掃する。また、長期にわたる仕掛品の保管にも、虫が湧かないよう注意する。前処理・調理室、包装作業室などは、毎月、昆虫モニタリング・衛生モニタリング（工場現場内の落下細菌なども含む）を実施。検証を行い、季節により各モニタリング回数を増やす。

(4) 異物選別方法

異物選別方法はいろいろあるが、乾燥品自体が軽量のため、どの選別方法をとるのか、原料などの異物情報を参考に選別機の組み合わせと順番を決める。最後は熟練者による静置テーブル選別（照明器具の照度の確認など）を行う。この目視選別は、要員の交代を前提に作業時間を決める。

異物選別として次の方法がある。

① 電動篩選別

篩《ふるい》通しでスクリーンの網目を境に大小を選別。「粒度調整」を行うと同時に製品以外の異物（毛髪、紙片など）も取り除く。機械の種類は、上下振動式と左右運動式などがある（手動による篩通しもあり）。

② 風力選別

振動フィーダーで一定量の製品に、下や横から風を吹き付け、比重により軽比重・重比重に分ける。予想される異物が除去できるように風量・風の当てる角度などを調整する。主に、毛髪や軽い夾雑物《きょうざつぶつ》を除去する。

③ 高磁力選別

投入フィーダーで一定量をベルト（下に高磁力マグネット）に供給し、磁力の有無で選別。また、10000ガウス前後のマグネットバー（マグネット棒）もあり、製造ライン中のあらゆる場所に簡単に取り付けることができ、磁性異物を除去する。

ステンレスパイプは液中でも使用できる。効果を高めるには本数を増やし、磁極間を狭くして磁性異物除去の回収率を上げる。本来、ステンレスは非磁性体で磁石に吸着しないが、ステンレスに噛み込み・切れ・削れ・摩擦などの力が加わると塑性変形が起こり、磁性を帯びて磁石に吸着するようになる（摩耗粉など）。指など挟まれないよう取扱いに注意する。

④ 静電気選別

乾燥品に適した古くからある選別方法。静電気による吸着作用を応用した軽量異物用の選別方法である。

毛髪・糸くず・ビニール片などを除去する。

⑤ 金属探知

金属検出機は異物検査のなかでも欠かすことのできない一つ。磁界の性質を利用し、鉄やステンレスなどの金属異物を検出する。機種により各金属の最高検出感度が変わる。

⑥ X線異物検出

X線検査機は金属以外に、石やプラスチック、魚の骨などを検出できるのが利点。包装済みの中身も透視することから、数の欠品検査や割れ・欠けなどの形状不良品も検査できる。

⑦ 色彩選別

色彩選別機は本来、白米や玄米の中からカメムシなど害虫に食われた被害米（黒色）や着色米を、光センサーやカメラで見分け、弾き飛ばす機械である。これをたとえば、フレーク状キャベツの白い部分から薄い緑の範囲を良品と設定し選別すると、境目の色で誤作動がある。

(5) 昆虫類混入時期の推定

昆虫の混入時期を推定するおおまかな方法の一つとして、カタラーゼ反応がある。これは、虫（生物）体内のカタラーゼという酵素が、前処理の加熱工程を経た場合、失活していることを利用する。

消費者から昆虫など生物の死骸混入のクレームがあった場合、混入時期や経路を判断する必要に迫られる。商品の開封後に混入した昆虫死骸は非加熱なので酵素は生きており、死骸に過酸化水素の溶けた水（オキシドールなど）をかけると、酸素ガスと新たな水を生じ盛んに発泡を起こす。一方、工場内で昆虫が混入した場合、後の加熱工程で酵素は失活しており発泡を起こさない。しかし、これはあくまでどこで混入したかの一つの推測に過ぎず、さらなる追跡調査が必要である。

異物混入は即、廃棄処分を強いられるが、一方で過剰なほどの「食品ロス」が、日本で大きな課題となっている。生産ロットを細かく区切ることも、ロスを最小限にする一つの方法である。

異物混入の容認の確率は１００万分の1とよくいわれている。

3 工程検査

(1) 原料受け入れ検査

生鮮野菜は、発注量と納品量のすり合わせを行い、伝票の名目重量のほかに実貫する。目視による異物・傷や泥・結束ヒモ・頭毛などの有無を確認する。あればデータ化して、後の異物選別方法の重要な情報源とする。野菜の使用量や使用頻度の高いものは、あらかじめ農薬散布などの生産履歴（トレーサビリティ）を入手する。また、必要に応じて残留農薬のポジティブリスト制度[※3]にともなう検査も行う。

「有機ＪＡＳ」認定を受けた野菜などを取り扱う場合は、ＪＡＳ認定工場「有機農産物加工食品」として、登録認定機関より認定を受ける必要がある。

輸入品を含む冷凍品は、ものによってグレージングといって、品質を保つため氷を付着させ、表面に保護層を作ることがある。野菜類は軽くブランチングされているものがあるが、生もの扱いがあり、再度ブランチングなどを行う。この段階で異物除去を行う。

加工品は、納入時の消費期限を記録し、ものによって規格書に基づいているか抜き取り検査をする。また、アレルギー物質の使用表示の情報を共有する。

※3 平成15年度食品衛生法改正に基づき、残留基準が設定されていない農薬などが一定量（0・01ppmを超えて残留する食品の販売など原則禁止。

(2) 前処理・調理工程管理

製造工程中にさまざまなミスが発生する可能性がある。たとえば、カット・スライスのサイズミス、使用調味料のミス、計量ミス、配合割合ミス、混合手順のミス、煮炊きなどの過不足、作業中の異物混入（他製品の混入も含む）などがある。

これらのミスの報告を受けた工程管理者は、ただちに、次工程は「お客さま」という考えに基づいて次工程の作業者責任者への報告・連絡・相談を行う。

工程管理者は、あらかじめ作成された製造フローチャートに基づいて、定められたポイントでサンプリングを行い、定められた内部規格の品質チェックシートに記録する。

図表8－2　保存中の品質の変質

発現	FD品（例）	発現の詳細	対　応
変色	葉物野菜	緑色の消失、くすみ	・ブランチングによる酵素の失活 ・保存中の吸湿防止
	香辛野菜（ネギ、ミツバ、青ジソ、ショウガ、セロリなど）	色のくすみ、香りの消失	・乾燥中の高品温を避ける ・吸湿防止
褐変	レモン、ミカンなど柑橘類のスライス	ビタミンCの分解による褐変	・吸湿防止 ・脱酸素剤封入
	醤油パウダー、味噌パウター、醤油味付けのFD品など	メイラード反応による褐色	・吸湿防止 ・高温多湿保管を避ける
退色	西洋ニンジン、インゲン、グリンピースなど	色褪せ	・ブランチングによる酵素の失活 ・光線の遮光
吸湿	野菜、果肉、パウダー類（果汁、果肉、抽出物など）	形状のあるものは柔軟性があり、パウダーは流動性がない	・糖処理を行う ・精製パーム油の添加
固結	糖分、アミノ酸量の多いFD品	流動性がない、さらに進むと液状化	・吸湿防止 ・高温多湿保管を避ける
異味異臭	葉物野菜	枯葉臭を発生	ブランチングによる酵素の失活
	西洋ニンジン	カロテン臭	光線の遮光
	ショウガパウダー	薬品臭	吸湿防止
	大根おろし	切干大根臭、変色	吸湿防止、高温多湿保管を避ける
	スイートコーン	酸化臭	ブランチングによる色の安定、光線の遮光
他	山イモパウダー	粘度が落ちる、蝋のような臭い、イモ特有の匂いが消失	吸湿防止、高温多湿保管を避ける
油脂の酸化	肉類（牛肉、豚肉、鶏肉）	酸化臭	・糖処理を行う ・醤油などで味付け ・抗酸化剤の使用
	植物柚（菜種油、大豆油、コーン油、サラダ油など）	酸化臭	精製パーム油で代用

(3) 包装工程管理

包装作業は、製品が個別の製品規格に合致しているか確認しながら処方する。それには、包装工程管理は品質管理部門と各種品質検査結果情報を共有しながら作業を進める。

包装作業終了時は、作業使用器具や機械の点検、ピンセットやスプーンなど備品の数と筆記用具などの確認を行う。

4 品質の変質

保存中での品質の変質として、変色・褐変・退色・吸湿・固結（ケーキング）・異味異臭・山イモの粘度低下・油脂の酸化などがある。これらの発現を起こすFD品の発現の詳細と、主な対応を図表8—2に示した。

(1) 製品検査

① 水分測定

水分測定は、日本農林規格の「乾燥スープ」に準じ減圧加熱乾燥法で行う。試料をブレンダーなどで粉砕し、目開き1㎜の試験用篩を通過したものを試料とする。試料約3g（精秤）をとり、40hPa（30 torr）以下で70℃5時間経過した重量減少より水分を算出する。

② 細菌検査

一般生菌は、標準寒天培地にて行う。大腸菌群は、デゾキシコレート培地・BGLB培地で行う。希釈倍数は10倍とし、操作上不可能な場合は100倍とする。ほかにカビ・酵母などがあり、必要に応じて黄色ブドウ球菌・サルモネラ属菌・セレウス菌なども検査する。なお、大腸菌群数を推定する定量法として最確数表から求める最確数法がある。

③ 一般成分検査

塩分含量（%）、糖分含量（%）、脂肪含量（%）、酸価（AV）、過酸化物価（POVmeq/kg）、山イモパウダーの粘度(cps)などを測定する。また、必要に応じてタンパク質、灰分、粒度[※4]または粒度分布などを測定する。

※4　粒子の大きさを測る値に「メッシュ」という単位を使用する。メッシュ値とは篩の縦・横1インチ（2・54㎝）間による目数をいう。数値が大きいほど目が細かい篩。粒度分布は各メッシュ間にある粒子の量の割合を表現する。この粒度や粒度分布はかさ比重に関係し、枡充填の場合、計り込みに影響が出る。

④ 復元性、色調、風味など

復元は、製品ごとに定められた「湯の温度」「静置時間」または「撹拌回数」など復元条件に従って検査する。色調については、乾燥上がり（とくに着色した場合）や復元したときの色調検査をする。

官能検査は、味覚センサーによる電気的測定もあるが、最終的には試飲・試食による先味・後味・雑味など総合的判断を行うのが好ましい。試飲・試食の判定が微妙な場合は、キーサンプル（納品先と合意した味、風味）と比較するが、単にA（キーサンプル）とB（被検体）を比較するのでなく、AとBそれぞれ2つ用意し、計4つでランダムに試飲・試食する。数人がAとBを区別できれば、AとBの間で明らかに差があり、区別できなければ大差がないと判断する。慎重に比較する場合は、AとBをそれぞれ3分割用意して判断する。官能検査は、味覚の感覚をレベルアップさせる訓練にもなる。

(2) 油脂の虐待テスト

新製品（油脂を含む）の酸化の安定度を知るために、虐待テストを行う。テスト方法は各社それぞれである。

① 熱による安定性

38℃の恒温器（孵卵《ふらん》器）に入れる。

② AOM安定度

AOM（Active Oxygen Method）安定度試験は、測定装置に規定量の油脂を入れ、97・8℃に保持しながら一定の割合で空気を吹き込み、油脂の過酸化物価が100に達するまでの時間を表したものである。AOM値が大きいほど油脂の安定性が高い。

③ CDM安定度

CDM（Conductometric Determination Meth-od）安定度試験は、試料を反応容器で120℃に保持しながら清浄な空気を吹き込む。酸化して生成する揮発性分解物を水中に捕集し、水の伝導率の変化を自動的に測定して、急激に変化する折曲点までの時間を求める試験法である。

CDM安定度も、数値（時間）が大きいほど酸化安定度が高い。経験的に測定品目（油脂10％以下）によって折曲点が明確になりにくいようである。また、ある数値でもって油脂（製品）の安定がどのぐらい担保できるかは、データを積み上げていく必要がある。

④ 紫外線の強制的照射

紫外線は波長が短くエネルギーが大きいため、強く酸化を促進する。そこで、太陽光とよく似た蛍光灯を照射して酸化の速度を把握する。蛍光灯真下何cmで照度何ルクスと設定して、照射時間と過酸化物価の関係をみる。

図表8－3　食品の安全・安心および労災事故「0」への社員教育

〈社外的認証〉ISO（国際標準化機構）
・ISO9001（品質マネジメントシステム）の認証 ・ISO14001（環境マネジメントシステム）の認証 ・ISO22000（食品安全マネジメントシステム）の認証
〈社内的活動〉
・TQC 活動（トータル クオリティー コントロール / 統合的品質管理）、QC サークル（小集団活動） ・提案制度（衛生管理、工程管理、コストダウン、労災事故防止等の提案制度の導入） ・安全衛生委員会（労働安全衛生法に基づく） ・ハインリッヒの法則 1 件の大きな事故の背後には 29 件の軽微な事故があり、その背後にはさらに 300 件の事故につながりかねない、いわゆる「ヒヤリ・ハット」の事象があるとするもの ・危険予知訓練 作業している図柄を作製して、その行動にどのような危険が潜んでいるかを話し合う 労災事故「ゼロ」、「ハサップ（HACCP）」にも非常に役に立つ

図表8－4　AIB のフードセーフティ監査システム

AIB システムの内容
1．作業方法と従業員規範 2．食品安全のためのメンテナンス 3．清掃活動 4．IPM（総合的有害生物管理） 5．前提条件と食品安全衛生プログラムの妥当性
AIB 監査は、上記の基準（要求事項）をもとに製造現場内を徹底的に検査し問題を見つけ出し、改善を進めるよう支援する

AIB（米国製パン研究所）: American Institute of Baking
資料：（一社）日本パン技術研究所フードセーフティ部 の HP より

この方法は、脂肪に混在するクロロフィルがあると、酸素が反応性の高い酸素に変化して不飽和脂肪酸の二重結合に反応し酸化を促進させてしまうため、野菜を含む製品には適さない。強い光に当てなければ安定なので、包装で遮光する。

⑤過酸化物価の追跡

油脂の酸化の追跡に過酸化物価（ＰＯＶ）を測定するが、これは第一次生成物であるヒドロペルオキシドを定量するものである。ヒドロペルオキシドはさらに自動酸化が進行すると、数値がピークを迎え、その後下がる。したがって、ピークを把握するため継続的に測定する。

このことから、酸価（ＡＶ）と並行して酸化を追求することが多い。

5 従業員の教育・訓練

従業員の教育ならびに訓練は、繰り返し、我慢強く実施する（図表8―3、図表8―4）。

教育は一方的な注意（トップダウン）になりがちだが、自主的なＱＣサークル（小集団活動）や危険予知訓練など全員参加型の自由発言（ボトムアップ）で効果が期待できる。

また、これらは、労災事故と製品事故（ともに小さい事故も必ず含む）を同一視して行うと、原因究明と対策に従業員の共感が得られやすい。

6 ＩＳＯ

ＩＳＯとは、国際標準化機構（International Organization for Standardization）の略称である。かつてのフイルムカメラの撮る場面に応じてたとえれば、明るい場面ならＩＳＯ２００、やや暗い場面ならＩＳＯ４００と感度を替える。この感度は、カメラＩＳＯで規格化（世界中で同じ品質・レベル）されたもので、いわゆる「モノ規格」といわれている。

これとは別に、組織の品質活動や環境活動を管理する規格として、品質マネジメントシステム（ＩＳＯ９００１）や環境マネジメントシステム（ＩＳＯ１４００１）などが知られている。

ＩＳＯ９００１は、顧客に提供する製品・サービスの品質を継続的に向上させることを目的とした「品質マネジメントシステム」の規格である。ＩＳＯ１４００１は、サステナビリティ（持続可能性）の考えのもと、環境リスクの低減および環境への貢献を目指す「環境マネジメントシステム」の規格である。

さらに、食品安全マネジメントシステムとしてＩＳＯ２２０００がある。これは、ＨＡＣＣＰの内容をすべて含んだうえにマネジメントシステムの要素が加味された国際規格で、消費者に安全な食品を提供することを目的としている。

これらは認証制度であり、認証機関の審査を満たせば認証証明書（登録証）が発行される。認証取得の効果として、「認証機関」という第三者からの認証を得ることで、社会的信頼が得られる。メリットとして、ＩＳＯ９００１では、登録範囲に含まれる部署員の名刺には登録マーク・認定シンボルが使用できる。

　認証を維持するためには、毎年審査を受ける必要があり、この審査・チェックにより不適合なところが指摘されると、その原因を除去する「是正処置」を行う。このように、外部から問題点を指摘され是正処置をとることによって、品質マネジメントシステムが向上するのである。

7 HACCP

　ＨＡＣＣＰ（ハサップ）は、１９６０年代に米国で宇宙食の安全性を確保するために開発された食品の衛生管理の方式である。Hazard Analysis and Critical Control Point の頭文字からとったもので、「危害要因分析重要管理点」と訳されている。

　これまで製造工程中の安全・衛生管理は経験的に判断することが多かったが、食品事故を防ぎ、食の安全を確保するには、これまでの経験では解決できない。作業者の作業動作など考察し、危害（食中毒や異物などによる危害）などを予知し（危険予知訓練が有効）、未然に取り除くために対策を立て、同時にその箇所を重点的に管理するものである。すなわち、危害要因（ハザード）をしっかりと、従業員皆でＱＣサークル（小集団活動）を通じて自由闊達《かったつ》に議論することが重要である。

　この危険予知は生産の危害だけでなく、働く者の「労災事故ゼロ」の撲滅と共通するところがあり、「製品事故ゼロ、労災事故ゼロ」ととらえると、活動がより効果的である。

第9章

フリーズドライの課題と対応

1　乾燥品の細菌対策

(1) 保存中の細菌の状況

凍結乾燥の研究が血漿《けっしょう》や血清、細菌などの医療面から始まったように、乾燥中の除菌は期待できない。しかし、幸い水分活性がおおむね0・2以下と低いことから、細菌の増殖は見られない。

むしろ、大腸菌群は長期保存で減少することがある。図表9—1に鮮魚のFDパウダーにおける細菌の減少を検証した。これを見ると、初発大腸菌群は1200個／g検出されたが4カ月後には検出されず、5カ月後は検出されている。この段

図表9－1　長期保存における細菌数の変化

製造日：2015/10/21

検査日	一般生菌数	黄色ブドウ球菌	大腸菌群	E.coli	腸炎ビブリオ
2015/12/2	1.1×10^4	(−)	1.2×10^3	(−)	(+)
2016/1/5	1.8×10^4	(−)	3.6×10^2	(−)	(+)
2016/2/2	2.2×10^4	(−)	4.1×10^2	(−)	(−)
2016/3/2	1.5×10^4	(−)	2.1×10^2	(−)	(−)
2016/4/4	2.5×10^4	(−)	(−)	(−)	(−)
2016/5/6	3.6×10^3	(−)	8.0×10	(−)	(−)
2018/10/11	4.2×10^3	(−)	(−)	(−)	(−)

対象：FD魚まるごとパウダーの保存条件：遮光のうえ、室温

資料：㈱ヤマフ、佐賀玄海漁業協同組合提供
注　：E.coli＝大腸菌の学名「Escherichia coli」。

階では、サンプリング場所によるばらつきが見られるようである。約3年経つと検出されていない。一方、一般生菌数は、3年経過してもそれほど変化がない。このことから、いかに乾燥前の細菌対策が大事であるかがわかる。

(2) 凍結中の細菌の状況

一般的に細菌は急速凍結での死滅を期待できないが、一部の細菌は緩慢凍結で組織の破壊により死滅するともいわれる。しかし、実用面では緩慢の程度や持続時間など不規則性による品質悪化のリスクの方が大きい。

なかには、腸炎ビブリオのように通常の凍結で死滅状態になることがある。腸炎ビブリオは好塩菌の一種で、ほかの食中毒菌よりも速く増殖し、約10分で2倍に増えるといわれている。この菌は海

図表9－2　腸炎ビブリオの冷凍保存による死滅試験結果

	A) 腸炎ビブリオ汚染させた海水			B) 汚染海水を注入した魚		
保存期間	検体①	検体②	検体③	検体①	検体②	検体③
7日	(+)	(+)		(+)	(+)	(+)
9日	(+)	(+)		(−)	(+)	(+)
10日	(−)	(+)		(+)	(+)	(+)
13日	(+)	(+)		(+)	(+)	(+)
14日	(+)	(+)		(+)	(−)	(+)
15日	(+)	(+)		(+)	(−)	(+)
16日	(−)	(+)		(+)	(+)	(−)
17日	(−)	(+)		(+)	(−)	(−)
18日	(+)	(+)		(+)	(−)	(+)
20日	(+)	(−)		(+)	(+)	(−)
21日	(+)	(+)		(+)	(+)	(+)
22日	(−)	(+)		(+)	(−)	(−)
23日	(−)	(−)		(+)	(−)	(−)
25日	(+)	(+)		(+)	(+)	(+)
30日	(−)	(−)	(−)	(−)	(+)	(−)
35日	(−)	(−)	(−)	(−)	(+)	(−)
40日	(−)	(−)	(−)	(+)	(−)	(−)
47日	(−)	(−)	(−)	(−)	(−)	(−)
50日	(−)	(−)	(−)	(−)	(−)	(−)

対象：A) は海水、B) は豆アジ
保存条件：－18℃以下

資料：㈱ヤマフ、佐賀玄海漁業協同組合提供

図表９－３　腸炎ビブリオ汚染アジペーストの冷凍保存による死滅試験結果

保存期間	検体A	検体B	検体C
1日	(＋)	(＋)	
4日			(＋)
15日	(＋)	(－)	
33日	(－)		
36日	(－)		
44日			(－)

保存条件：－18℃以下

資料：㈱ヤマフ、佐賀玄海漁業協同組合提供

水で生育するので当然、魚に付着することがあるが、真水や熱に弱く、約60℃以上、10分以上の加熱で死滅する。図表9—2で、腸炎ビブリオ汚染させた海水は、30日後に腸炎ビブリオは死滅している。汚染海水を注入した魚は、47日後には腸炎ビブリオは検出されていない。また、図表9—3の腸炎ビブリオ汚染アジペースト（生）の冷凍保存による死滅試験結果でも40日ほどで死滅している。

(3) 作業環境での細菌の状況

作業環境を清潔に保つため、各作業室、冷蔵庫などの天井や壁のカビや雑菌の発生を予防する。対策を立てる前にまず、実態の把握を行う。

① 空中浮遊菌の把握

月数回の落下細菌（空中浮遊菌）のモニタリングを行い、職場環境の実態を把握する。空中浮遊菌とは空気中に浮遊している微生物で、この状態では一般的に増殖はしないが、落下菌として食品に付着すれば汚染の原因となる。衛生規範で、業種によっては食品の加工・調理現場などの製造現場内の各作業区域において、落下細菌数の基準が定められている。

② 表面に付着している微生物の把握

ふき取り検査で各作業室、冷蔵庫の天井、壁、機器の表面、調理作業台など、とくに水気のある場所で付着している微生物の実態を把握する。方法は、一定面積を綿棒でふき取って一定に希釈し、培地と混釈して細菌数を測定する。

(4) 乾燥末期での除菌

通常通りの乾燥を行い、乾燥の終末頃（2次乾燥期は結合水の除去）に一気に品温を60℃以上に上げる。温度と時間は求める品質と除菌の効果の兼ね合いによる。緑色野菜などは比較的熱に強いが、油脂含量が多い場合、油がにじみ出てくることもある。

この品温のアップは初発細菌数が少ない前提であり、低水分含量にともなう大腸菌群の生存率の低下である。しかし、芽胞菌（ウェルシュ菌、ボツリヌス菌、セレウス菌など）のように熱に強い菌は効果がなく、かなり限定的な対処方法である。

(5) アルコール噴霧による除菌

食品添加物でもある食用エタノール製剤を乾燥品へ均一に噴霧して除菌を行う。

方法は、耐アルコール性ポリ袋に入れた乾燥品に、重量の約5～10％噴霧する。内部でのアルコール蒸発の密度を高めるため、やや空気を抜いて密封し、1～2日ほど（厚みのある乾燥品は時間を有する）遮光して常温保管する。開封後は、しばらく包装室でアルコール除去（完全ではない）を行う。アルコールに混ざっている水分がわずかにあるので、再度、アルコールを完全に除去するためにも軽く真空乾燥する。

この方法は、油脂を含んでいないものに用いる。油脂成分を含んでいると油が表面をコーティングし、アルコールの浸透性が悪く、効果が期待できない。

作業中は換気をする。再度乾燥する際、先に述べたようにアルコールは不凍液で、コールドトラップに付着せず、そのまま真空ポンプへ流れる。これは、オイルの劣化や真空ポンプ自体に支障をきたすことがあるので、コールドトラップや真空ポンプの調子を見ながら行う。真空ポンプは、アルコールをそのまま屋外へ排出するドライポンプ（真空ポンプ自体が油などを使用しない）もある。大規模に行い、排出量が多い場合は消防法に抵触する可能性があり、アルコールを補足する（凝縮）装置の設置が必要となる場合もある。

2 製品の単価対策

(1) 原料価格の影響

生鮮野菜原料は季節による固形分含量の変動が大きく、製品価格中の原料価格に影響を与える。原料の固形分・単価の変動が製品価格中の原料価格に与える影響を図表9―4に示した。

生鮮野菜原料費のアップ・ダウンが製品価格中の原料価格に大きく影響を与えることがわかる。今般の予測できない自然災害や気候変動による価格の不安定が大きな課題である。

(2) ボリュームを意識する

イチゴ原料に乳糖を加えた場合の製品価格中の原料価格を考える（図表9―5）。低い乾燥歩留

図表9－4　季節による原料の固形分、単価の変動が原料価格に与える影響（モデル）

	原料	原料費（円／kg）	乾燥歩留（%）	固形分（kg）	計算	単価（円／kg）
A）	夏ホウレン草（固形分が少ない）	300	5.0	0.050	300/0.050	6,000
	冬ホウレン草（固形分が多い）	300	7.5	0.075	300/0.075	4,000
B）	夏ホウレン草 5.0% ダウン	285	5.0	0.050	285/0.050	5,700
	夏ホウレン草 5.0%アップ	315	5.0	0.050	315/0.050	6,300
	冬ホウレン草 5.0% ダウン	285	7.5	0.075	285/0.075	3,800
	冬ホウレン草 5.0% アップ	315	7.5	0.075	315/0.075	4,200

注　：1．原料単価は比較上、通年同一価格と仮定した。
　　　2．冬ホウレン草は甘みが増し固形分含量（乾燥歩留）が高いと仮定し差をつけている。

図表9－5　イチゴ原料に乳糖を加えた製品の原料価格

①イチゴのみ

	原料費円／kg	乾燥歩留（%）	固形分（kg）	計算	単価（円／kg）
イチゴ（冷凍）	1,000	10.0	0.100	1,000 ／ 0.100	10,000 円／ kg

②イチゴに乳糖添加による製品の原料費（FD 中のイチゴ含量 50%）

原料	配合割合（g）	原料単価（円／kg）	原料費（円）	固形分（g）	単価（円／kg）
イチゴ（冷凍）	1,000	1,000	1,000	100	1,040 円／0.20kg
乳糖	100	400	40	100	
計			1,040	200	5,200 円／kg

注　：1．原料単価は仮定の数値。
　　　2．乾燥歩留などは計算上の仮定数値。
　　　3．乳糖は水分０％とする。

のイチゴ原料に乳糖を混合すると乾燥歩留が上がり（乾燥品収量が増える）、製品の原料価格が大きく下がる。実際は、乾燥歩留が上がる（固形分含量が増える）ので乾燥時間が短縮され、乾燥加工費も下がる。しかし、同じ粒子のパウダー同士のかさ比重は、乳糖の混合品が大きい。逆に、ボリューム感でみると、乳糖の混合品は小さい。

この見た目のボリュームがＦＤ価格を伝える非常に大事なセールスポイントになる。たとえば、地方の小規模の乾燥機で地元産銘柄のイチゴを乾燥し、そのパウダーがkg当たり仮に3万円と伝えると、とても高くて使えないとなる場合が多い。ところがこれを粉砕せずに、ホールのまま見せると、価格に納得し需要が出る。理由として次のようなホールの利点があげられる。

・地元産の生鮮イチゴの表情・実感がある
・パウダーと比較してかさが数倍もある
・ホールは個数感覚でとらえられる
・使用に応じて形状（粗粒、チップ状、粗砕き）が変えられ、使い勝手が良い
・供給側がいろいろな形状の製品在庫をもたなくてよい

3 エネルギーコストの対応

(1) 乾燥時間の短縮

乾燥にかかるエネルギーコストとして、加熱エネルギー、真空維持エネルギー、コールドトラップ（凝縮）維持エネルギー、予備凍結エネルギーのコストがある。コストの内訳は、加熱操作45％、真空操作26％、凝縮操作25％、凍結操作4％といわれていたが、今は新旧の乾燥機・メーカーによ

り変動する。

わが国に初めて導入されたアトラス社の凍結乾燥機は、図表3－2のような被乾燥物を積載したトレーを上下棚板で挟み、双方から直接の熱伝導で加熱する画期的な乾燥機だった。しかし、油圧により棚を上下する装置はかなりの重装備で、その後、日本では普及しなかった。

さらに、トレーの底を黒く塗り熱の吸収を良くする試みもなされたが、特定の品目に特化した時間短縮以外は、思うようにいかないようである。

また、かつて文献にはマイクロ波を利用した加熱方法が検討されたようであるが、真空中で放電するため、実現しなかったようである。多少の乾燥時間の短縮については、第4章「トレー積載工程（乾燥時間の短縮）」参照。

(2) エネルギーコストと人件費

ＦＤメーカーは、15～24時間ほどかかる乾燥サイクルに合わせながら、さまざまな製品を製造している。この間、乾燥機をフルに効率良く稼働させるには、乾燥庫へのトレーの出し入れ・運転プログラムの管理・機械の保全など、昼夜を問わず、人員を配置する必要がある。

こうしたなか、先に述べたように近年、研究用および小型凍結乾燥機が地域定着型の乾燥として導入されており、ＦＤが手軽にできる環境が整いつつある。

このなかに別途、予備凍結庫を必要とせず、乾燥庫内の棚で被乾燥物を凍結させるものがある。これは、氷の結晶を重視するこれまでの凍結乾燥の概念と異なるが、このタイプの凍結乾燥機に合った被乾燥物があれば、何ら支障はない。操作・

設定もパネル上で数カ所行うだけで、後は乾燥機が稼働する。

この乾燥機の特徴は、棚温度をセットして2～3日かけて乾燥を行う点で、乾燥庫内へのトレーの出し入れの時間が調整できる点にある。大事なのは乾燥時間の短縮よりも、就業中の人員以内で乾燥品の取り出し・処理・包装ができることである。また、同時進行で、次の乾燥に向けて原料の処理や次のチャージが滞りなくできることである。こうしたことから考えると、「乾燥時間の短縮」はあまり意味がないようである（第10章4「(1) 小型凍結乾燥機の普及」参照）。要は、乾燥の終盤における乾燥エネルギーコストと、作業段取りにともなう人手不足、人件費の高騰とのバランスである。

4 ほかの乾燥方法との組み合わせ

FDとほかの乾燥方法とを組み合わせることにより、FD品の品質を保持しつつ、欠点をカバーすることが可能となる。

(1) 熱風乾燥との組み合わせ

AD（エアードライ、熱風乾燥）とFDそれぞれの長所と短所を図表9―6に示した。ADとFDを組み合わせる（AFD乾燥）ことで目指す品質は、次のとおり。

・FDの乾燥時間の短縮
・乾燥品の発色
・復元性が目標時間内
・復元後、野菜特有の風味を保つ

図表9－6　FDとADの長所と短所

	対比項目	FD（凍結乾燥）	AD（熱風乾燥）
①	エネルギーコスト 例：野菜	× 乾燥時間が約24時間	○ 乾燥時間が約1～2時間
②	乾燥品の水分含量	○ おおむね5.0%以下	× 約13%以下
③	乾燥品の壊れ	× 乾燥前の形状を保持	○ 形状の収縮
④	食感の有無	× 凍結で組織が破壊があり	○ 組織の破壊がない
⑤	乾燥品の色調	× やや薄い	○ 濃い（収縮により）
⑥	栄養成分の保持	○ 被乾燥物の品温が低い	× 被乾燥物の品温が高い
⑦	風味の保持	○ 成分移動のないことによる揮発成分の残留	× 揮発成分が移動し飛散しやすい

注　：ADは、箱式あるいは多段ベルト式の一般的なもの。○＝長所、×＝短所。
④FDで食感の良い菌糸類などあり。

・食感がある
・壊れにくい
・水分含量がおおむね5.0%以下

この組み合わせは、キャベツ・白菜・ネギのように、薄い部分と厚みのある部分が混在している野菜が適している。

①キャベツを例にした手順

15%前後の糖液などでキャベツをブランチングし、放冷後に熱風乾燥に入る。熱風乾燥の歩留は50%前後が一つの目安となる。もちろん、ものによっては熱風乾燥の程度を、これにとらわれず行う。この後、通常のFD工程に入る。

全体的にボリューム感をもたせたい場合は、熱風乾燥品をいったん冷蔵庫で冷やした後、自己凍結を行う。

熱風乾燥工程中の野菜の品温は40～55℃くらい

で、本来の野菜の特性や風味を保持していることである。

② メリット

野菜の体積は熱風乾燥により半減しているので、トレー積載は通常の倍量が可能となる。これにより、１バッチ当たりの生産量がアップしコストが下がる。

また、乾燥時間が通常の約半分近くで可能となる。

(2) 真空乾燥との組み合わせ

これまで述べたように、ＦＤは乾燥が周囲から中心部へ進むにつれて熱伝導が悪くなり、後半以降に乾燥時間がかかる。

このことから、ＦＤが60～80％ほど進んだ後、真空乾燥を行う。もちろん、ものによってはＦＤの程度を、これにとらわれず行う。ＦＤを中断する一つの目安は、目的とする品質に何らかのＦＤの特徴（形状の保持など）が見られることである。

① 手順

いったんコールドトラップにつながっているメインバルブを閉める。加温（棚温度50～60℃）を継続したまま、中心部の凍結部分を溶かして平衡水分にする（蒸らす）。その後、メインバルブを開けて真空引きを行う。このとき、かなりの水分が蒸発する。たとえば、真空度は２６７～５３３hPa（200～400torr）前後で真空乾燥に移行する。

② メリットとデメリット

メリットは乾燥時間が短縮されること。デメリットは、最初のＦＤの過不足が可視化できないこと、真空調整に別途、真空調整弁の設置が必要な場合があることである。

5 高糖度・高濃縮エキスの乾燥

高糖度・高濃縮エキスの乾燥は、発泡（パフ）させる真空乾燥の領域で、連続式真空ベルト乾燥（コールドトラップを備えた乾燥機もあり）があり、肉類エキスパウダーや魚介類エキスパウダーなど多くの製品がある。

パフ乾燥のFDでの対応は、通常の凍結乾燥機でも行うことができる。対象物により濃度は60～80％くらいとし、増粘剤（第6章「4 増粘剤（とろみ）」参照）を使用して発泡させ、形状を維持する。被乾燥物の濃度・粘度の程度により発泡の大小が異なる。

空気の多少により発泡の程度が異なるが、発泡を促すため空気を抱き込む。被乾燥物は発泡の前提でトレーの中心部に薄く積載し、上からポリシートを被せる。

発泡の程度は、冷蔵庫で冷やすか常温で乾燥をスタートさせるかで異なる。冷やすと発泡が小さく、常温（夏場と冬場でかなり異なる）は発泡が早く始まる。

発砲は真空度が落ち着くとおさまる。発泡の大小により、製品（パウダー）の色・粒子・比重が異なる。

6 フリーズドライに向かないもの

(1) α化されたでん粉

FDは、α化されたでん粉の復元が困難なため、餅・うどんや、カマボコ・竹輪・ゴボウ天などでん粉含量の多い練り製品は復元しにくい。一方、魚のすり身含量の多い練り製品はある程度復元する。

練り製品のでん粉は弾力補強や吸水力のために使用されるが、ＦＤ品は湯になじみづらくなる。とはいえ、カマボコなどの練り製品は、ＦＤ以外の乾燥方法で復元性の良いものがある。

しかし、本来、苦手である麺類の乾燥を岡山食品工業㈱が技術の粋を集め、１９７８（昭和53）年に「ＦＤ麺」を世に送り出している。

⑵ 糊化するもの

たっぷりの水で炊くお粥は、炊き終えた後も膨潤が続いて糊化が進む。この糊化が「成型お粥」の復元の際、湯の侵入を拒み復元を困難にする。対応としては、炊く水の量を増やして凍結の結晶を増やす。あるいは、緩慢凍結を行って氷の結晶を大きくし、湯の通りを良くする。

ここで、塩味を付けるといっそう湯が入りやすくなる。この点で「成型雑炊」などは味付けされているので、復元にはほとんど問題がない。

7 フリーズドライ商品の課題

ＦＤは今般、成型味噌汁・成型スープ・成型雑炊などの「成型商品」という一つのジャンルを築き、一つの産業として地位を確立している。

⑴ ＦＤ成型商品の課題

現在、いつでもどこでも消費者が手に取ることができるＦＤ成型商品だが、次のような課題もある。

・具材が塩辛い
・具材とスープの味がなじんでいない

・具材の味がスープに出ていない
・製造都合で具材が小さい

(2) コストダウンによる品質低下

ＦＤ成型商品の発売から数十年経った現在、価格競争激化にともない薄利多売の領域にある商品もある。しかし、品質の低下をともなうコストダウンにより、ＦＤ製法という「驚きと感動」を与える商品が、安っぽい「即席らしい即席」にならないようにしたい。

それには、成型でない袋物（ＦＤ単品具材または、ＡＤなどの具材＋調味料）と、どう差別化するのか。「うすれいく差別化」の先にあるのは、付加価値の低下ではなかろうか。

ＦＤ商品の次なるジャンルの出現を待ち望むところである。

(3) 付加価値の追求

ＦＤ品の醍醐味と付加価値は、一つは「家庭料理の限りない再現」ではなかろうか。煮たり、炒めたり、焼いたりした「調理感」の再現で、復元場面を見なければ「これが即席!?」と驚きと感動を与えられるのがＦＤ品である。この追求と挑戦がＦＤ産業の発展の糧になると期待される。

第10章 フリーズドライの現況と今後の一つの方向

1 フリーズドライの現況

日本凍結乾燥食品工業会（ＦＤ工業会）は、２０１８（平成30）年7月に発足45周年を迎えたが、ＦＤ食品業界市場は、味噌汁やスープ類などの成型食品の好調が持続していることから、拡大傾向にある。

以下同会集計による凍結乾燥食品の動向を示す。

(1) 生産量の推移

２０１８年度ＦＤ食品主要生産量をまとめた（図表10―1、図表10―2）。素材製品類の総生産量は８１３７ｔで、内訳は、国内生産量５６９３ｔ、海外生産量２４４４ｔと国内が海外の２倍以上である。

ＦＤ成型食品の総生産量は5億４２３８万食で、ほとんどが国内で生産されている。

これまでＦＤ業界をけん引してきた素材製品群の生産量が、18年度は減少に転じた。これは成型食品類が拡大する一方で、この2年間、棚面積が伸びていないことから素材製品から成型食品生産へのシフトが考えられる。

全体としてＦＤ市場は成型食品の好調により、拡大傾向が長く続いている。

図表10－1 フリーズドライ製品生産量（2018年度）

◆素材製品類

（単位：t、%）

	総生産量		国内生産量		海外生産量	
		前年比		前年比		前年比
エビ・魚介類	489.7	84.7	471.7	100.1	18.0	16.8
畜肉製品類	1,945.9	95.1	1,927.9	95.0	18.0	100.0
野菜製品	2,073.8	82.9	875.7	58.3	1,198.1	100.9
大豆製品	1,667.5	102.2	1,458.5	102.8	209.0	98.6
イチゴ・果実類	1,441.8	93.5	440.8	84.2	1,001.0	98.3
健康食品素材	336.2	101.7	336.2	101.7	0.0	－
ファインケミカル類	79.0	103.1	79.0	103.1	0.0	－
ペットフード類	0.0	－	0.0	－	0.0	－
その他	103.5	75.1	103.5	75.1	0.0	－
合計	8,137.4	92.0	5,693.3	87.7	2,444.1	96.1

◆成型食品類

（単位：万食、%）

	総生産量		国内生産量		海外生産量	
		前年比		前年比		前年比
味噌汁	26,818.8	112.8	26,818.8	112.8	0.0	－
粥・雑炊類	719.9	91.3	719.9	91.3	0.0	－
デザート類	2,304.2	97.9	2,304.2	97.9	0.0	－
炊き込みご飯の素	9.5	62.9	9.5	62.9	0.0	－
スープ類	23,206.4	106.8	23,206.4	106.8	0.0	－
麺類	76.4	24.6	76.4	24.6	0.0	－
惣菜類	320.2	198.9	320.2	198.9	0.0	－
甘酒類	5.2	39.1	5.2	39.1	0.0	－
野菜ブロック類	86.0	86.0	0.0	－	86.0	86.0
ペットフード類	0.0	－	0.0	0.0	0.0	－
その他の製品	691.2	56.0	572.3	58.5	118.9	46.3
合計	54,237.8	107.3	54,032.9	107.7	204.9	57.4

資料：日本凍結乾燥食品工業会
注　：2018年4月～19年3月。

図表10－2　フリーズドライ製品生産量の推移

◆素材製品類

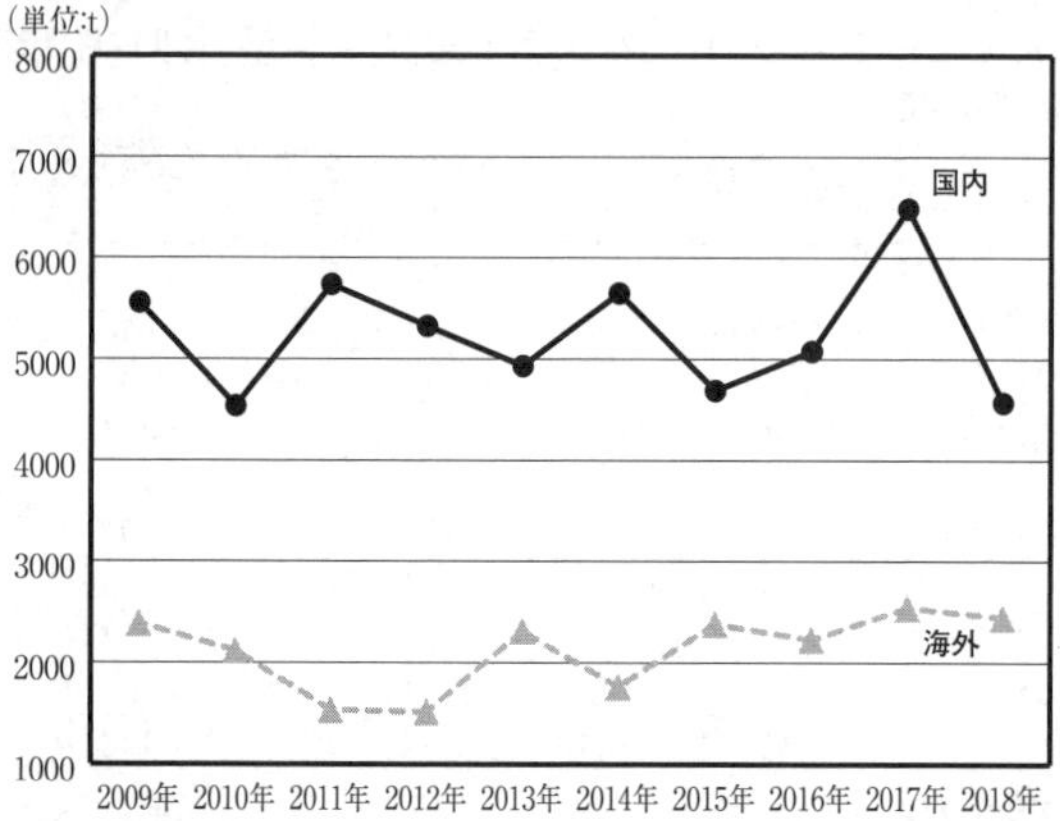

◆成型食品類

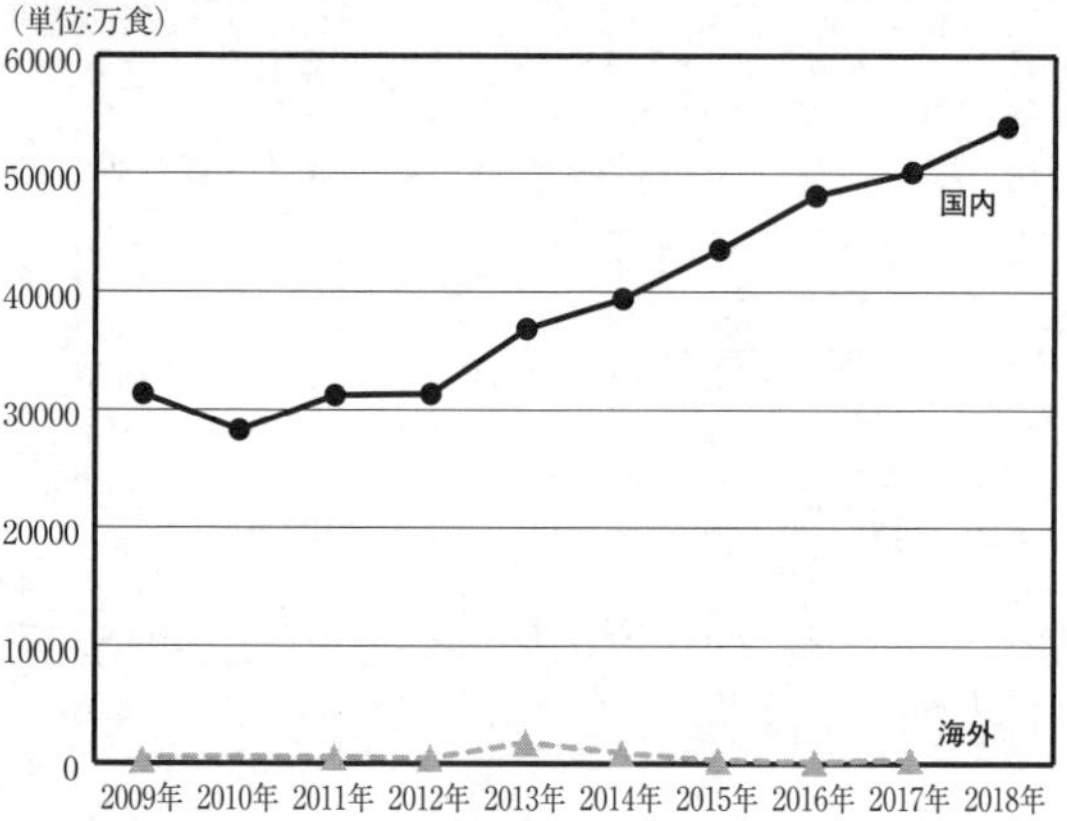

資料：日本凍結乾燥食品工業会

(2) 素材製品生産量

① FDエビ・魚介類

この分野は即席カップ類、焼きそば向けのエビ、イカとお茶漬け・ふりかけ用の鮭、タラコ、明太子類が主力。18年度はとくに、エビ・イカ類、シジミ・アサリ・ホタテ類、海苔・生海苔・モズク・アオサ類、オキアミ・シラスが2ケタ以上と大きく伸長した。海外生産はエビ・イカ類が中心だが、18年度は前年比83・2％減の18ｔと大きく減少している。

② FD畜肉製品類

即席麺向けから炊き込みご飯の素、スープ関連など需要は幅広いが、ここ数年は減少が続いていた。14年度は反転し前年を上回ったが、15年度は再び減少に転じた。16年度は再度、大幅に転じた。17年度はほぼ前年並みとなり、18年度は前年を下回った。

生産量は１９４６ｔ、うち海外生産量が18ｔである。

③ FD野菜製品類

野菜製品類の全生産量はここ数年、上下動を繰り返している。

18年度は国内生産量が大きく減少し、前年比41・7％減の８７６ｔ。海外生産量は同0・9％増の１１９８ｔとなり、総生産量は同17・1％減の２０７４ｔとなった。

④ FD大豆製品

この分野は17年度の調査から新たに設けた。FD味噌が１３０６ｔ、FD豆腐が２６１ｔとなった。FD油揚げは18年度から新設し、１０１ｔ。

⑤ FDイチゴ・果実類

イチゴの需要を中心として、15、16年度と伸長した。17、18年度は若干減少、18年度の総生産量は1442tである。うち、国内生産量が441t、海外生産量1001t。なお、17年度調査から梅干しをイチゴ・果実類に分類している。

⑥ FD健康食品素材

もっとも期待の大きな市場であり、17年度はプラスに転じ、18年度も伸長した。総生産量は336t。

(3) FD成型食品生産量

FD成型食品類は、主力の味噌汁類やスープ類が好調に推移し、18年度総生産量は5億4238万食である。味噌汁類は2億6819万食と2年連続2ケタ増、スープ類も2億3206万食と前年に続き5%以上の伸びを示している。好調な味噌汁類やスープ類へのバラエティー化を進める動きはより活発になっている。

ほかの分野では、惣菜類が320万食と前年から倍近い伸びを示した。

一方でこれ以外の分野は前年を割り込む。FD成型食品がさらに拡大するためには、新たな分野での製品普及が課題となる。

(4) 棚面積

日本凍結乾燥食品工業会・会員企業の真空凍結乾燥機の18年度の棚面積は、前年同様の1万3399㎡と報告されている。1972(昭和47)年の凍結乾燥機棚面積が1500㎡と報告されて以来、46年間で実に9倍近くになったのである。

FD成型加工品の国内生産は拡大しているが、

素材製品群は減少傾向にあり、棚面積は変わらなかった。近年、6年連続して棚面積が増加したことで、各社の設備の近代化や生産増強が一巡したとみられる。

2 食品分野以外での利用

現在、凍結乾燥は食品関連だけでなく、次のような方面にも利用されている。二つほど原文を紹介する。

(1) 希少野生動物保護

京都大学の2013年度ニュースインデックス（研究成果8月掲載）に「フリーズドライ（凍結乾燥）精子で希少野生動物保護―京都発・希少野生動物配偶子バンク」とあり、次の記述がある。

「金子武人 医学研究科附属動物実験施設特定講師らの研究グループは、2012年4月に、液体窒素を使用せずに冷蔵庫で長期保存可能なフリーズドライ精子保存法を開発し、冷蔵庫または常温で保存したフリーズドライ精子から産子の作出に成功しました。今回、金子特定講師、村山美穂 野生動物研究センター教授、坂本英房 京都市動物園種の保存展示課長および伊藤英之 同課係員は、この技術を用いて希少野生動物の精子を保存し、種の保存に応用します。既に、チンパンジー等、一部の動物種において、フリーズドライ後の精子に受精する能力があることを確認しています。」

同研究に先立ち、「災害に強い液体窒素不要の遺伝資源長期保存法の開発―長期保存したフリーズドライ（真空凍結乾燥）精子からラット・マウスの作出に成功―」として金子武人氏の研究グループは、液体窒素を使用せずに長期保存可能な精子保存法を開発し、冷蔵庫で長期保存、常温で国際輸送したＦＤ精子から産子の作出に成功。低コスト・簡易な遺伝資源管理が可能だけでなく、災害や事故から貴重な遺伝資源を守ることが可能となったという研究成果が米国科学雑誌に発表されている。

ＦＤがこんなにも素晴らしいものかと、改めて感動したものである。

(2) 古文書の再生

真空凍結乾燥機は「木簡」[※1]の保存などによく使われている。２０１１（平成23）年3月11日、東日本を襲った大地震では、「古文書」など重要な資料も泥水などで被害を受けた。その再生・修復に凍結乾燥が利用されている。

奈良文化財研究所「なぶんけんブログ」の「文化財レスキュー 紙資料の救出と応急処置」のなかで、「冷凍保管された紙資料の保存処置としては、随時、冷凍倉庫から搬出し、解凍、クリーニング、乾燥処置、修復をおこなう必要があります。

しかしながら、今回は大量の紙資料のため、クリーニングに時間がかかり、冷凍保管の期間が長期化することが考えられたので、冷凍保管された紙資料の多くは、クリーニング作業の前に真空凍結乾燥処置により乾燥状態に移行させ、一応の安定化を図った上で、クリーニングを進めるという方法をとりました。これにより、塩分と泥などが付着した状態ではありますが、乾燥した状態にすることで安定度は格段に向上し、時間をかけてクリーニングと修復をおこなうことができるようになりました。奈文研に運ばれた紙資料は約８００

トレー（約50000点）におよびました。」と記述されている。

聞くところによると、1カ月近くかけて乾燥を行ったようである。乾燥機の大きさは直径1・8m、長さ6・0mで、食品以外の文化財用では最大である。

※1　平城宮跡で最初に発掘された、墨書のある木片。文字を書くために使われた。短冊状の細長い木の板で、荷札などとしても長く用いられた。

3 今後の方向と利用場面

FD製品は今日、一般に広く知られ、受託乾燥も増えている。今後は、この技術をどの方面に、どのように使用するかといった提案型用途開発が必要である。

(1) 機能性保持を利用した商品

乾燥食品は、技術の進歩により、FD以外にもいろいろな乾燥方法が編み出され、それぞれの方法に合った優れた製品が日々開発されている。今後、これまでの乾燥方法の垣根を越え、FDに取って代わる製品も続々出てくることだろう。

FDはわが国に導入されて60年近くになり、その間、乾燥時間の短縮など図ってきたが、それでもまだ乾燥時間が長い。このような高エネルギーコストを抱えてほかの乾燥方法と競合するには、差別化した高付加価値商品を生み出すことが課題である。

日清食品㈱「カップヌードル」の誕生以来、FD品は即席麺の具材をはじめ、今日の成型品の「復元性」に呼応した製品作りが多いが、ほかに、素材そのものがもつ特性や機能性成分の保持があり利用できる。

①「最強の野菜スープ」

素材がもつ特性の生かし方から商品作りを考えると、たとえば、「抗酸化パワーたっぷりの野菜スープ」が提案できる。

熊本大学名誉教授・前田 浩氏は、著書の「最強の野菜スープ～抗がん剤の世界的権威が直伝」のなかで、がんをはじめほとんどの病気や老化に活性酸素が関わり、野菜を食べることで活性酸素を抑えられるとしたうえで次のように述べている。

「野菜の活性酸素を消去する働きは、生野菜をすりつぶしたものより、野菜を煮出したゆで汁のほうが10倍～100倍強いことが明らかになっています。（中略）野菜スープには、ファイトケミカルのほかにもビタミン類、ミネラル類など野菜の有効成分が丸ごと溶け出しています。野菜スープをとることで、サラダとは比較にならない強力な抗酸化パワーが得られるのです。」

筆者はこれらを参考に、栄養満点の野菜ブイヨンを簡単に作るため、FD玉ネギやFDカボチャ、FDセロリを入れて煮る。FD品は多孔質構造で栄養成分などが溶出しやすいため、調理時間を短縮できる。また、スープのFDも可能。

野菜といえば、「デザイナーフーズ」という考え方も注目された。デザイナーフーズは、1990年代にアメリカ国立癌研究所が長年の疫学的研究データに基づき、がん予防に有効性があると考えられるとして公開された40種類ほどの野菜類である。当時のアメリカは、日本よりも早くがん患者の増加が深刻化していた。図表10―3は、がん予

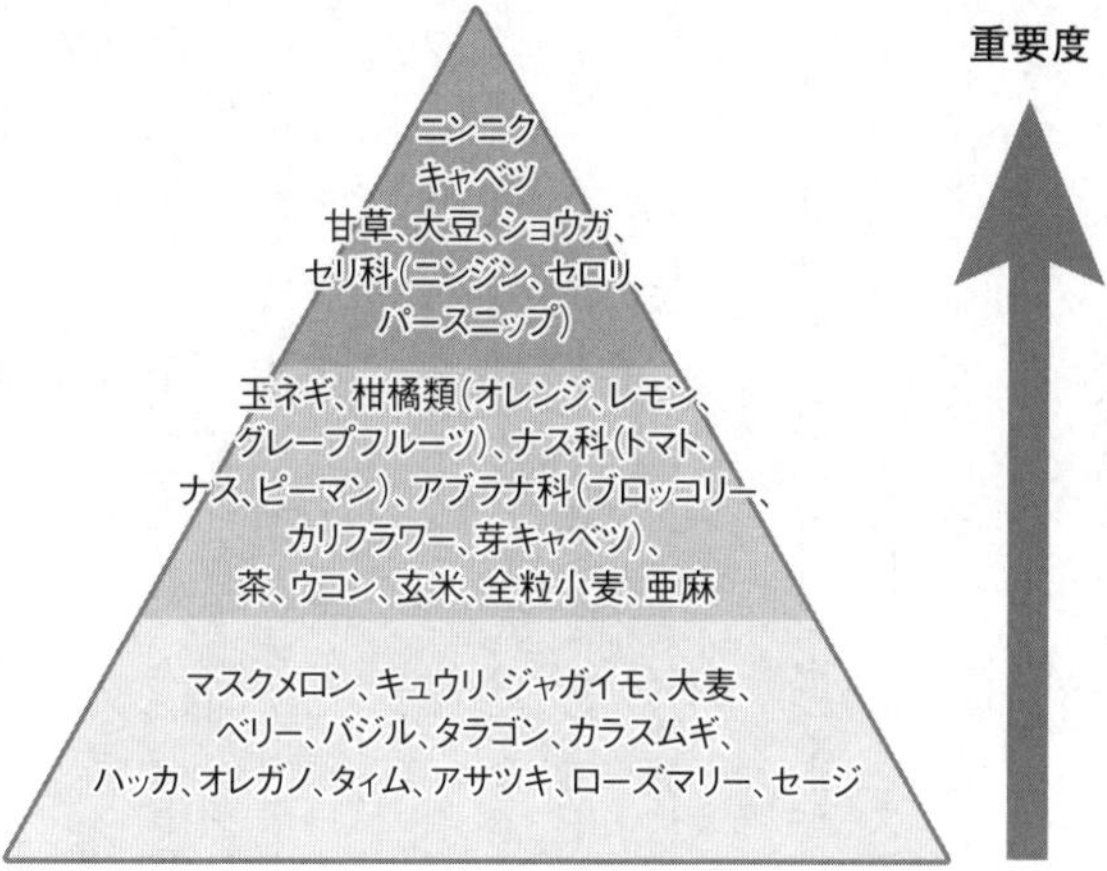

図表10—3　デザイナーフーズ・ピラミッド

防効果の期待できる順にピラミッド型で表した有名な図である。

ところで、ヨーロッパのブイヨンには必ず、デザイナーフーズの上位にあるニンジン・玉ネギ・セロリが使われていることから、ヨーロッパの人々は、昔から滋養成分たっぷりのブイヨンをベースに料理を作っていたといえる。

ブイヨン作りには、有効成分の多い玉ネギ・ニンジンの皮やセロリの葉まで捨てることなく使うことがある（「最強の野菜スープ」も普段捨てられている皮、茎、葉などの使用も推奨している）。皮も葉も根っこも使用する思考は「一物全体[※2]」と呼ばれる。

しかし、これらが身体にいいことは理解ができても実際、作るには今日の多忙な生活スタイルにおいて非日常的である。

ここに、ＦＤ商品でもってそれに応えることができないだろうか。

※2　一物全体（いちぶつぜんたい）とは、野菜は皮のまま、穀物は精白しないなど、食材を丸ごと使用するという考え方。一物全体の概念は、身土不二やマクロビオティックにもつながる。

② フードサプリメント

サプリメントは薬でなく、広い意味では健康食品の範ちゅうである。健康食品もサプリメントも法律上の定義はなく、いわゆる「健康に過ごすための補助食品」となる。

この「補助食品」というコンセプトで、その食品の「素材の特性」、すなわちバランスの取れた栄養素を見える形でＦＤ製品にして食品として提供できる。この代表が「青汁」である。青汁はＦＤの特徴である成分保持を生かし、１９６３（昭和38）年にはすでに、商品化されていた。

最近では、酵素が注目されている。「酵素」はこれまで、「生きている（活性化している）」ことが製品保存中に変質を起こす原因の一つとして、不都合なもの扱いされていた。しかし、酵素は腸内で食べ物を消化・分解するのを助けてくれる働きがあり、この働きが利用されている。酵素は高温に弱いことから、ＦＤにより「生きた酵素」として商品化できる。実際、納豆菌由来のナットウ

販売元：㈱ヤマフ

写真10－1　魚まるごとサプリメント

キナーゼの働きを保持した「ＦＤ納豆」が発売されている。

また、魚に一物全体の思考を取り入れた「魚まるごとサプリメント」（写真10―1）を紹介する。

イワシの稚魚であるシラスは、丸ごと食し幼児食の定番でもあるが、成長すると身の部分（約50％）しか食べない。魚が元気に泳ぐのは、生命体として総合的・複合的に各機能が連携、すなわち皮・身・内臓・骨・頭などの栄養がバランスよく保たれているからである。これら各部位がもつ70種類近くといわれている栄養素・酵素をＦＤですべて保持したのが同商品である。これはまた、食品残渣《ざんさ》を生まない。

(2) 時代のニーズに応えた商品

① 介護食

十数年前、成型個食タイプのＦＤ介護食が販売されたが、時期尚早であったのか、普及しなかった。その後、高齢者を取り巻く環境は激変し、老老介護・介護離職・介護難民など当時では予測できなかった事態が起こっている。このような状況のなか、再度、お湯で復元するだけの「介護食」を提供することで、社会貢献できるのではないだろうか。

「介護食」は、咀嚼《そしゃく》レベルによりかなり内容が異なるが、調理感・栄養・色・風味などでもって食の意欲が湧く。ＦＤ介護食は家庭での利用が想定され、毎日介護食を作ることから解放される。

また、介護施設などでは、災害保存食として「ＦＤお粥」が利用できる（個食の場合、成型容器を

モヤシ

ホウレン草

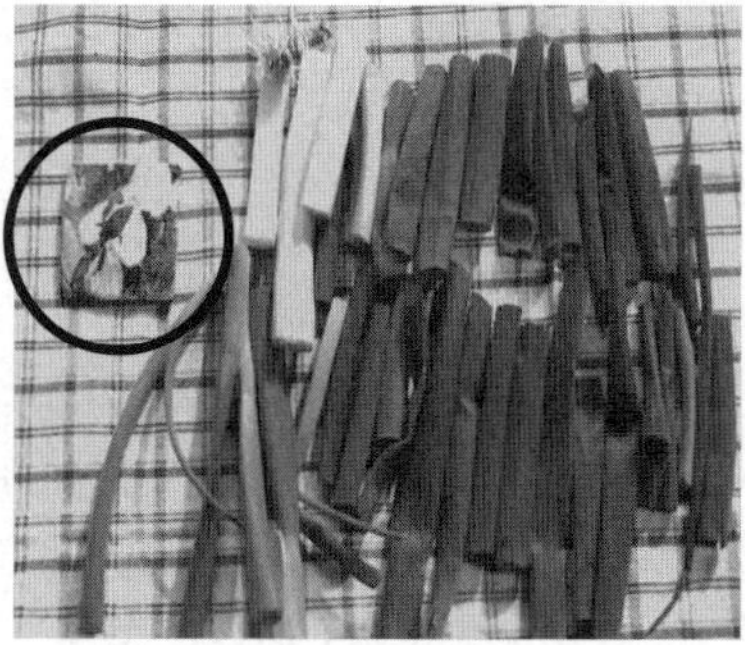

ネギ

写真10－2　コンプレスフード

器として利用）。

② 災害保存食

コンプレスフード（写真10―2）は、圧縮された成形品を指し、第二次世界大戦の頃、米軍の備蓄食として開発されたとされる。災害時の食事は、栄養のバランス上、災害発生後3～4日目頃から野菜の要望が高まる。しかし、混乱した現場で、野菜原料の保管や廃棄ロスの処分、調理器具の不足、貴重な水を消費するなどの問題があり、野菜の摂取が困難になる。そこで、FD野菜が非常に役に立つ。

処方はたとえば、野菜を吸湿性・保水性のある甘い糖アルコールの10～15％溶液などでボイルして引き上げ、ドリップ切り後、トレー一面に隙間なく均一の厚みになるように積載（上から押しつける）。通常乾燥させた後、少し加湿してプレス機（50～60℃加温）でプレス（板状）。適当な希望のサイズにカットした後、再乾燥をする（ADでも可能）。

(3) 美容関連商品での利用

① FD品から美肌成分を抽出

FDの特徴が低水分で多孔質であることを利用して、FDした魚から美肌効果に関与する有効成分が抽出できないか超臨界抽出[※3]を行った。しかし、魚を構成する成分およびその特性（極性）は多種多様で、溶媒となる超臨界炭酸ガスの極性と溶質となるターゲット成分の極性がすべて似通っているものではなく、結果、抽出できたのは魚油とごく一部のアミノ酸であった。抽出効率を上げるためには、適切なエントレーナーの選定および抽出条件の確立が課題となった。

※3　超臨界流体抽出法は、被抽出物に抽出媒体、多くは超臨界二酸化炭素を用いて、溶解度の差を利用して抽出操作を行う手法である。二酸化炭臨界温度が31℃程度と低く、酸素の存在しない二酸化炭素雰囲気下の状態で抽出でき、酸化されやすい成分の抽出に利用される。有機溶媒を使用しない抽出法なので環境に優しい抽出法として推進されている。

② 食品素材の化粧品分野への利用

化粧品が人の肌に接するものである限り、その組成・素材が食品由来であれば好ましい印象を与える。こうじ・酒粕・米ぬか・アロエなどは、自然派化粧品といわれもてはやされている。ＦＤ品を原料に利用する最大のメリットは、水分が低いためカビが生えないことで、防腐剤なしの化粧品ができる。もちろん、デリケート肌に関する検証を十分にする必要がある。

令和元年度 優良ふるさと食品中央コンクール・農林水産省食料産業局長賞受賞
資料：（一財）明日香村地域振興公社

写真 10－3　地方発の成型汁物

4 今後の動向

(1) 小型凍結乾燥機の普及

近年、地域定着型の研究用および小型凍結乾燥機の設置、ならびに受託乾燥の需要が高まっている。これまで、地方でFD品を商品化し乾燥を委託しようとすると、ロットの単位が大きくハードルが高かったが、小型凍結乾燥機の導入により、乾燥が手軽で身近なものとなった。持ち込み量（被乾燥物）と乾燥能力（量）、その製品の販売量（道の駅・直売所などで売れる量）が一致し、互いに無理な在庫をもたないシンプルなジャストインタイム方式である。小型凍結乾燥機が今後、地方の地域定着型の新製品を担うことが期待される。

原料はその地域の旬の野菜・果物など特産物が多い。委託側は、地の利を生かしてその日のうちに材料を持ち込む。そして、受託側は、その日に処理して乾燥庫に入れるというパターンである。研究用および小型凍結乾燥機は、これまでのFD機械メーカー以外からも販売されており選択肢は広がっている。今後、地域定着型の商品作りに気軽に使用される場面が増え、大手メーカーができない、手作り感のある商品が出てくるだろう（量産は外注もあり）（写真10—3）。

(2) 食品表示に関する動き

① 機能性表示食品制度

消費者庁によると、機能性表示食品制度とは、国の定めるルールに基づき、事業者が食品の安全性と機能性に関する科学的根拠などの必要な事項を、販売前に消費者庁長官に届け出れば、機能性を表示することができるという制度である。

この制度は届け出制度であるが、受理されるにあたっては、その機能性関与成分の安全性に関する論文収集や研究データを揃える必要がある（機能性の表示、表現方法は厳格化されている）。

特定保健用食品（トクホ）は許可取得に時間と費用がかかるが、機能性表示食品は個別審査が不要なため、時間と費用が大幅に削減できる点が特徴である。

② 地理的表示（GI）保護制度

地域産品のブランド化保護のため、地理的表示（GI：Geographical Indication）に対し保護する制度がある。

農林水産省によると、地域産品の名称（地理的表示）を知的財産として登録し、保護する制度である。地域には、伝統的な生産方法や気候・風土・土壌などの生産地等の特性が、品質等の特性に結びついている産品が多く存在している。地理的表示は原則として、登録された基準を満たす産品のみに使用される。

地理的表示の効果として、品質を守るもののみが市場に流通し、訴訟等の負担なく自らの産品のブランド価値を守ることにつながる。また、ＧＩマーク[※4]により、地域共有の財産として産品の名称が保護され、他産品との差別化が可能となる。

※4 ＧＩマークを付けられた生産品をＦＤした場合、その乾燥品にはＧＩを付けることはできない。

参考文献

細川 明、相良泰行「食品の凍結乾燥と問題点」農業機械学会誌第37巻第1号（1975年）
日本ジフィー食品㈱「日本ジフィー食品三十年史」日本ジフィー食品㈱（1990年）
木村 進「乾燥食品」光琳書院（1966年）
亀和田光男、林 弘通、土田 茂「乾燥食品の基礎と応用」幸書房（1997年）
日本凍結乾燥食品工業会「食品産業の歩みとともに 日本凍結乾燥食品工業会25年史」日本凍結乾燥食品工業会（1998年）
上西浩史、相良泰行「624最新食品工学講座 17食品凍結乾燥の基礎知識と実用技術への展開(1)」冷凍2004年8月号第79巻第922号
相良泰行「食品凍結乾燥技術の進歩と実用操作への応用」日本食品工学会誌 Vol.11,No.1,pp.1-11,Mar.2010
菅 忠明、首藤喬一、串井光雄「カボチャの加工利用研究」〈平成15年度 農林水産加工利用開発会議 技術開発研究成果報告書 愛媛県農林水産加工利用開発会議〉愛媛県工業技術センター

松長　崇、大野一仁、松本恭郎「青汁搾汁残渣の成分特性とその利用（第2報）」〈愛媛県工業技術センター業績第578号〉愛媛県工業系研究報告 No42.2004）
山口明子、西　麗、廣瀬潤子、浦部貴美子、灘本知憲「乾燥技術の違いによる食品中の有用成分の変化」日本食品保蔵科学会誌38巻3号（2012年）
日本食糧新聞「凍結乾燥食品特集」〈2019年8月21日付〉日本食糧新聞社
前田　浩「抗がん剤の世界的権威が直伝！　最強の野菜スープ」マキノ出版（2017年）
「フリーズドライを利用した魚まるごとサプリメントの開発」〈平成27年度さが農商工連携応援基金事業〉佐賀玄海漁業協同組合、㈱ヤマフ

山根清孝（やまね きよたか）

1970年愛媛大学農学部卒業後、日本ジフィー食品㈱に入社。取締役（研究開発部長、品質管理部長、生産本部長、営業本部長他）を歴任。主に研究開発業務30数年。在職中世に業界初・厚生労働省認可・特別用途食品「フリーズドライの糖尿病食」を開発する等、送り出した製品1,000件以上。2006年退職後、同年奈良県庁・県政アドバイザーとして農林部マーケティング課勤務（常勤）。1300平城遷都年祭に向けての「うまいものづくり」他。2009年任期満了後、同年財団法人・大阪産業振興機構TLOコーディネーター業務に携わり、大学の研究成果の民間企業への技術移転業務を行う。2011年同課解散後、6次産業化プランナー、食品需給研究センター食農連携コーディネーターとして、各地方の商品開発を支援、他講演。長年のライフワークとして、NPO法人・奈良の食文化研究会（理事）で活動。機能性表示食品届出指導員、㈱ヤマフ顧問。

食品知識ミニブックスシリーズ「フリーズドライ食品入門」
定価：本体1,200円（税別）

令和2年7月20日　初版発行

発　行　人：杉　田　　　尚
発　行　所：**株式会社　日本食糧新聞社**
〒104-0032　東京都中央区八丁堀2-14-4
編　　　集：〒101-0051　東京都千代田区神田神保町2-5
北沢ビル　電話03-3288-2177
FAX03-5210-7718
販　　　売：〒104-0032　東京都中央区八丁堀2-14-4
ヤブ原ビル7階　電話03-3537-1311
FAX03-3537-10712
印　刷　所：**株式会社　日本出版制作センター**
〒101-0051　東京都千代田区神田神保町2-5
北沢ビル　電話03-3234-6901
FAX03-5210-7718

カバー写真提供：PIXTA（ピクスタ）　フリーズドライ味噌汁：CORA／チョコいちご：Taisuke／乾燥野菜：Nutria／カップラーメン：studio-sonic

ISBN978-4-88927-272-7　C0200